电力运维检修专业技术丛书

电网重大反事故措施分析与解读

国网天津市电力公司检修公司　主编

中国水利水电出版社
www.waterpub.com.cn
·北京·

内 容 提 要

本书是《电力运维检修专业技术丛书》之一，对电力企业常用反事故措施进行了详细分析和解读，并结合电网安全生产面临的新问题，对相关条文提出的前提背景进行了阐述，对过程中应注意的问题及措施进行了说明，列举了典型事故案例，对电力企业抓好设备质量源头管控，提升设备本质安全水平，将起到很好的指导和帮助作用。本书共有三章，包括电力企业常用反事故措施及要求差异性解读综述部分、详解部分，以及电网重大反事故措施。

本书主要供电力企业及相关单位从事电力生产、运行、维护、检修、调度、试验、设计、科研、安装等工作的各级管理、技术和技能人员使用。

图书在版编目（CIP）数据

电网重大反事故措施分析与解读 / 国网天津市电力公司检修公司主编. -- 北京 : 中国水利水电出版社, 2020.10
（电力运维检修专业技术丛书）
ISBN 978-7-5170-9087-8

Ⅰ. ①电… Ⅱ. ①国… Ⅲ. ①电网－安全事故－案例 Ⅳ. ①TM727

中国版本图书馆CIP数据核字(2020)第213319号

书　　名	电力运维检修专业技术丛书 **电网重大反事故措施分析与解读** DIANWANG ZHONGDA FANSHIGU CUOSHI FENXI YU JIEDU
作　　者	国网天津市电力公司检修公司　主编
出版发行	中国水利水电出版社 （北京市海淀区玉渊潭南路1号D座　100038） 网址：www. waterpub. com. cn E - mail：sales@waterpub. com. cn 电话：（010）68367658（营销中心）
经　　售	北京科水图书销售中心（零售） 电话：（010）88383994、63202643、68545874 全国各地新华书店和相关出版物销售网点
排　　版	中国水利水电出版社微机排版中心
印　　刷	清淞永业（天津）印刷有限公司
规　　格	184mm×260mm　16开本　9印张　219千字
版　　次	2020年10月第1版　2020年10月第1次印刷
印　　数	0001—3000册
定　　价	**46.00**元

《电力运维检修专业技术丛书》编委会

本书编委会

主　　编　殷　军

副 主 编　王永宁　周文涛　贺　春　廖纪先

委　　员　刘　军　李　彬　丁连荣　鲁　轩　何云安

崔　岩　张　尧　任　毅　陈建民　程法庆

赵　驰　殷学功　吕静志　许想奎

编写组组长　贺　春　张　尧

参编人员　闫立东　李　宁　刘　东　陈振辉　王振岳

顿　超　金卫军　刘　梅　何　潇　谭晓明

张昌钦　孙长虹　李宏博　高雅琦　李文征

李杨春　姜明席　林　蒙　江　滔　孙　韬

李浩天　贾肖肖　王西龙　张天旭　王　林

潘　旭　艾士超　杨树昌　张旭航　薄婷婷

李　祺　刘常军　韩　淼　黄　杰　王松波

姚之宁

序

随着我国特高压主干网的建设投入，全球能源互联网建设加快世界各国能源互联互通的步伐，科技进步有力地促进国内智能电网的快速发展，特高压输变电技术、数字化数据传输、一体化成套设备等变电新技术广泛采用，对运维、检修人员的业务素质和技能水平提出更高的要求。

如何在有限时间内，提高生产一线人员的整体业务能力，快速熟悉事故反措、规程规范、管理要求，迅速掌握新设备、新技术、新工艺，成为目前员工素质培养的关键。国家电网有限公司高度重视安全生产标准化、规范化、精益化的管理要求，以应对运维检修业务的时代发展变化，保障电力供应满足人民日益增长的物质文化需求。

为此，我们搭建经验交流平台，促进理论制度在实践的进一步应用。通过集中专业优势力量，结合目前国家电网有限公司的最新运检管理规定和反措要求，聚焦实践应用，聚焦人才培养，组织编写了《电力运维检修专业技术丛书》，以期为业务提升与人才发展相融共进提供一些有益的帮助。

丛书共四个分册，分别是《电网重大反事故措施分析与解读》《变电运维核心技能基础与提升》《二次专业基建验收实践》和《变压器检修典型案例集》。作为开发变电运行、二次检修、主变检修等专业的培训用书，丛书深刻剖析各种技术工作的内在要点并详加讲解，真正让生产人员能够通过全方位学习，掌握运检生产过程中的关键技术，使其从容应对电网大踏步发展背景下的变电运检工作，提升电网运行安全保证能力。

丛书编写人员包括运行经验丰富的班长、专业带头人、技能骨干等，丛书力求贴近现场工作实际，具有内容丰富、实用性和针对性强等特点，满足技能人员实操培训需求。

下一步本书编委会将立足国家能源战略需求和形势，围绕国家电网有限公司建设具有中国特色国际领先的能源互联网企业的战略目标，不断整合资源、推陈出新，为全方位帮助一线工作人员提升技术技能基础不懈努力。

《电力运维检修专业技术丛书》编委会

2020 年 9 月

前　言

近年来，党中央、国务院高度重视安全生产工作，国家能源局和国家电网有限公司颁布了多项反事故措施，为防范电网重特大安全事故，确保电网安全稳定运行提供了重要保障。各项反事故措施由于编制单位不同，专业方向不同，在适用范围、应用对象及重点内容等方面均不尽相同，有时会使读者产生头绪纷繁之感，不便实际执行。为方便电力企业人员快速了解反事故措施差异情况，保证开展现场工作时有据可依、有准可行，国网天津市电力公司检修公司组织专业技术人员编写本书。

本书共分为三章：第一章“电力企业常用反事故措施及要求差异性解读（综述部分）”，对比分析多项反事故措施总体差异性情况；第二章“电力企业常用反事故措施及要求差异性解读（详解部分）”，以《国家电网有限公司十八项电网重大反事故措施（2018年修订版）》为基准，分章节对比解读多项反事故措施及要求的差异性内容，提出情况分析与执行建议，为电力企业现场工作提供参考指导意见；第三章“电网重大反事故措施”，在现有标准和反事故措施基础上，结合近年天津地区运行经验提出，对现有标准和反事故措施条款中未提及的内容进行补充。

本书作者均为电力系统一线员工，利用工作之余编写此书，时间仓促，水平有限，书中错误与不足之处在所难免，敬请读者与同行专家批评指正。

编者

2020年8月

目 录

第一章 电力企业常用反事故措施及要求差异性解读（综述部分）

第一节 概　　述

一、电力企业常用反事故措施及要求相关文件

（1）《国家电网有限公司十八项电网重大反事故措施（2018年修订版）》。

（2）国家能源局《防止电力生产事故的二十五项重点要求》。

（3）《国家电网公司防止变电站全停十六项措施（试行）》。

二、颁布背景

（1）《国家电网有限公司十八项电网重大反事故措施（2018年修订版）》：国家电网有限公司（以下简称“国家电网公司”）在全面总结分析2012年以来各类事故经验教训基础上，对原《国家电网有限公司十八项电网重大反事故措施（修订版）》（国家电网生〔2012〕352号）进行全面修订，于2018年11月9日印发《国家电网有限公司十八项电网重大反事故措施（2018年修订版）》（国家电网设备〔2018〕979号）执行，以下简称“《十八项反措》”。

（2）国家能源局《防止电力生产事故的二十五项重点要求》：国家能源局在原国家电力公司2000年9月颁布的《防止电力生产重大事故的二十五项重点要求》的基础上，制定了《防止电力生产事故的二十五项重点要求》，于2014年4月15日印发《防止电力生产事故的二十五项重点要求》（国能安全〔2014〕161号）执行，以下简称“《二十五项重点要求》”。

（3）《国家电网公司防止变电站全停十六项措施（试行）》：国家电网公司为防止变电站全停事故发生，分析总结相关事故经验教训，从新（改、扩）建变电站的设计、建设及运行阶段出发，制定了《国家电网公司防止变电站全停十六项措施（试行）》，于2015年4月20日印发《国家电网公司防止变电站全停十六项措施（试行）》（国家电网运检〔2015〕376号）执行，以下简称“《十六项措施》”。

第二节　总体差异性对比分析概况

一、主要内容的差异

1. 三者的应用对象及适用范围

(1)《十八项反措》主要是针对电网企业防止发生重大和频发事故提出的相关要求。

适用范围：国家电网公司各电网企业（对发电企业及风电场，主要涉及机网协调方面的内容）。

(2)《二十五项重点要求》主要是针对发电企业及电网企业防止发生重大和频发事故提出的相关要求。

适用范围：电网企业、发电企业及风电场。

(3)《十六项措施》主要是针对电网企业防止发生变电站全停事故提出的相关要求。

适用范围：国家电网公司各电网企业。

2. 三者的主要差异

(1)《二十五项重点要求》中有 8 项是完全针对发电企业而制定的。

(2)《二十五项重点要求》与《十八项反措》有 15 项内容一致。

(3)《二十五项重点要求》中有 1 项是将《十八项反措》的“防止大型变压器损坏事故”和“防止互感器损坏事故”2 项进行了合并，有 2 项（“防止人身伤亡事故”和“防止火灾事故”）由于编写原则的不同差异较大。

(4)《二十五项重点要求》《十八项反措》《十六项措施》均提及了防止变电站全停事故，但由于三者侧重点不同，因此此部分《十六项措施》最为详细，《二十五项重点要求》与《十八项反措》中均以单一章节说明要求。

(5)《十八项反措》第 5 章“防止变电站全停及重要客户停电事故”中注明“原《国家电网公司防止变电站全停十六项措施（试行）》（国家电网运检〔2015〕376 号）”同步废止。

二、《十八项反措》和《二十五项重点要求》各项反措对应情况

统计《十八项反措》和《二十五项重点要求》，共包含 26 个不同章节，综合章节编写思路、结构、内容等方面对其反措、要求进行总体比对，将 26 个章节分为 4 种情况，见表 1－1，分章节比对情况见表 1－2。

表 1－1　《十八项反措》和《二十五项重点要求》26 个章节比对概述

序号	标注符号	涉及章节数量	释义说明
1	×	3	《十八项反措》与《二十五项重点要求》编写思路不同，差异较大的章节
2	√	11	《十八项反措》与《二十五项重点要求》编写思路及结构相同，差异不大的章节，《十八项反措》提出了更为细化的要求

续表

序号	标注符号	涉及章节数量	释义说明
3	●	4	《十八项反措》与《二十五项重点要求》编写思路相同，但结构不同，整体内容差异较小的章节，《十八项反措》提出了更为细化的分类及要求说明
4	○	8	《二十五项重点要求》中针对非电网设备安全运行进行的要求说明，但在《十八项反措》中未提及的章节

注　所有章节数量之和为26项，但《二十五项重点要求》仅有25项，差异原因是由于《二十五项重点要求》中将“防止大型变压器损坏和互感器事故”合为一章进行要求说明，但在《十八项反措》中将“防止大型变压器（电抗器）损坏事故”与“防止互感器损坏事故”分为两章进行要求说明，因此两项措施要求相比较时，就会出现26个章节的情况。

表1-2　　《十八项反措》和《二十五项重点要求》分章节比对

标注符号	章节序号	《十八项反措》	章节序号	《二十五项重点要求》	差异情况概述
×	1	防止人身伤亡事故	1	防止人身伤亡事故	编写思路不同，差异较大，《十八项反措》涉及7个细项，《二十五项重点要求》涉及10个细项
√	2	防止系统稳定破坏事故	4	防止系统稳定破坏事故	编写思路及结构相同，差异不大，《十八项反措》《二十五项重点要求》均涉及5个细项，《十八项反措》更为细化
√	3	防止机网协调及新能源大面积脱网事故	5	防止机网协调及风电大面积脱网事故	编写思路及结构相同，差异不大，《十八项反措》《二十五项重点要求》均涉及2个细项，《十八项反措》将大面积脱网事故从“风电”修改为“新能源”范畴
●	4	防止电气误操作事故	3	防止电气误操作事故	编写思路相同，差异较小，《十八项反措》涉及2个细项，《二十五项重点要求》未下设细项分类，《十八项反措》更为细化
√	5	防止变电站全停及重要客户停电事故	22	防止发电厂、变电站全停及重要客户停电事故	编写思路及结构相同，差异不大，《十八项反措》涉及4个细项，《二十五项重点要求》涉及3个细项，《十八项反措》在变电站全停方面说明更为细化，《二十五项重点要求》包含发电厂全停方面说明
√	6	防止输电线路事故	15	防止输电线路事故	编写思路及结构相同，差异不大，《十八项反措》涉及8个细项，《二十五项重点要求》涉及7个细项，《十八项反措》重点强调“防止‘三跨’事故”

续表

标注符号	章节序号	《十八项反措》	章节序号	《二十五项重点要求》	差异情况概述
●	7	防止输变电设备污闪事故	16	防止污闪事故	编写思路相同，差异较小，《十八项反措》涉及2个细项，《二十五项重点要求》未下设细项分类，《十八项反措》更为细化
√	8	防止直流换流站设备损坏和单双极强迫停运事故	21	防止直流换流站设备损坏和单双极强迫停运事故	编写思路及结构相同，差异不大，《十八项反措》涉及6个细项，《二十五项重点要求》涉及5个细项，《十八项反措》重点强调“防止直流双极强迫停运事故”
√	9	防止大型变压器（电抗器）损坏事故	12	防止大型变压器损坏和互感器事故	编写思路及结构相同，差异不大，《十八项反措》涉及8个细项，《二十五项重点要求》涉及7个细项，《十八项反措》重点强调“防止穿墙套管损坏事故”
√	10	防止无功补偿装置损坏事故	20	防止串联电容器补偿装置和并联电容器装置事故	编写思路及结构相同，差异不大，《十八项反措》涉及4个细项，《二十五项重点要求》涉及2个细项，《十八项反措》重点强调“防止干式电抗器损坏事故”及“防止动态无功补偿装置损坏事故”
●	11	防止互感器损坏事故	12	防止大型变压器损坏和互感器事故	编写思路相同，差异较小，《十八项反措》涉及4个细项，《二十五项重点要求》为12章细项下的“12.8 防止互感器事故”，《十八项反措》更为细化
√	12	防止GIS、开关设备事故	13	防止GIS、开关设备事故	编写思路及结构相同，差异不大，《十八项反措》涉及4个细项，《二十五项重点要求》涉及3个细项，《十八项反措》更为细化
√	13	防止电力电缆损坏事故	17	防止电力电缆损坏事故	编写思路及结构相同，差异不大，《十八项反措》涉及3个细项，《二十五项重点要求》涉及4个细项（包括“2.2 防止电缆着火事故”），《十八项反措》删除“防止单芯电缆金属护层绝缘故障”
√	14	防止接地网和过电压事故	14	防止接地网和过电压事故	编写思路及结构相同，差异不大，《十八项反措》涉及7个细项，《二十五项重点要求》涉及6个细项，《十八项反措》重点强调“防止避雷针事故”

续表

标注符号	章节序号	《十八项反措》	章节序号	《二十五项重点要求》	差异情况概述
●	15	防止继电保护事故	18	防止继电保护事故	编写思路相同，差异较小，《十八项反措》涉及7个细项，《二十五项重点要求》未下设细项分类，《十八项反措》从规划设计、继电保护配置等七个方面进行说明，更为细化
√	16	防止电网调度自动化系统、电力通信网及信息系统事故	19	防止电力调度自动化系统、电力通信网及信息系统事故	编写思路及结构相同，差异不大，《十八项反措》涉及5个细项，《二十五项重点要求》涉及3个细项，《十八项反措》重点强调“防止电力监控系统网络安全事故”及“防止网络安全事故”
×	17	防止垮坝、水淹厂房事故	24	防止垮坝、水淹厂房及厂房坍塌事故	编写思路不同，差异较大，《十八项反措》涉及3个细项，《二十五项重点要求》涉及3个细项
×	18	防止火灾事故和交通事故	2	防止火灾事故	编写思路不同，差异较大，《十八项反措》涉及2个细项，《二十五项重点要求》涉及9个细项
			1.1	防止电力生产安全交通事故	
○		未提及	6	防止锅炉事故	《二十五项重点要求》中针对发电厂设备安全运行进行要求说明，《十八项反措》中未提及
○		未提及	7	防止压力容器等承压设备爆破事故	《二十五项重点要求》中针对发电厂设备安全运行进行要求说明，《十八项反措》中未提及
○		未提及	8	防止汽轮机、燃气轮机事故	《二十五项重点要求》中针对发电厂设备安全运行进行要求说明，《十八项反措》中未提及
○		未提及	9	防止分散控制系统、保护失灵事故	《二十五项重点要求》中针对发电厂设备安全运行进行要求说明，《十八项反措》中未提及
○		未提及	10	防止发电机损坏事故	《二十五项重点要求》中针对发电厂电气设备安全运行进行要求说明，《十八项反措》中未提及
○		未提及	11	防止发电机励磁系统事故	《二十五项重点要求》中针对发电厂电气设备安全运行进行要求说明，《十八项反措》中未提及
○		未提及	23	防止水轮发电机组（含抽水蓄能机组）事故	《二十五项重点要求》中针对发电厂电气设备安全运行进行要求说明，《十八项反措》中未提及
○		未提及	25	防止重大环境污染事故	《二十五项重点要求》中针对环境污染事故进行要求说明，《十八项反措》中未提及

三、编写格式的差异及差异条款执行情况

1. 编写格式的差异

（1）《十八项反措》每章节反措内容的细项说明前，均有一段总述，用以列出涉及本章节内容应认真执行的国家、行业标准及公司的标准、文件。

《二十五项重点要求》则取消了该部分的总述内容，而是将本文涉及的有关国家、行业标准作为附录列在后面部分，不包含国网公司下发的标准及文件。

相比较而言，读者阅读时，《十八项反措》每章引用的标准及文件对应性更明确，《二十五项重点要求》将引用的标准及文件整体写在一起，区分难度较大。

（2）《十八项反措》按照电网设备全过程管理的要求提出各阶段（设计、基建、验收、运行等）的反事故措施，且由于《十八项反措》每章已将引用的标准及文件说明，因此部分在标准及文件中已明确要求，未在《十八项反措》正文中重复提及。

《二十五项重点要求》则取消了电网设备各阶段的明确划分，但涉及电网设备部分的条款设置顺序及基本内容与《十八项反措》变化不大。

2. 差异条款执行情况

（1）中国电机工程学会在编写《国家能源局防止电力生产事故的二十五项重点要求》之初，国网运检部就提出了与《国家电网有限公司十八项电网重大反事故措施（修订版）》（国家电网生〔2012〕352号）相关内容原则上保持不变的要求。因此，《二十五项重点要求》基本涵盖了《十八项反措》的全部内容，是政府层面对于《十八项反措》的认可。

（2）由于《二十五项重点要求》正式于2014年4月15日下发，文中涉及电网设备要求部分的内容主要取自于2012版的《十八项反措》，2018版的《十八项反措》结合2012—2018年近6年的各类事故经验教训以及国家、行业新发布的规定、标准、文件等，修改、补充和完善2012版《十八项反措》相关条款，并对原文中已不适应当前电网实际情况或已写入新规范、新标准的条款进行删除、调整。

（3）原则上，若两文件内容要求无冲突，则执行《十八项反措》要求，存在冲突时应查阅相关标准及要求，综合考虑后决定执行情况。

第三节　《十八项反措》与《二十五项重点要求》差异性对比分析

一、防止人身伤亡事故

1.《十八项反措》

（1）《十八项反措》主要包括各类作业风险管控、作业人员培训、设计阶段安全管理、施工项目管理、安全工器具和安全设施管理、验收阶段安全管理、运行安全管理7个方面，从项目全过程涉及的各阶段与多种类型现场安全生产工作出发，涵盖了电网企业各种发生人身伤亡的关键风险点，对电网企业的适用性更强。

(2)《十八项反措》第 1 章“防止人身伤亡事故”共包含 34 条具体条款，相比 2012 版《十八项反措》，删除“加强对外包工程人员管理”的内容，增加“加强验收阶段安全管理”的内容，第 1 章整体新增加条款 14 条。

(3)《十八项反措》与《二十五项重点要求》两者一致的要求有 2 项，存在差异性的要求有 32 项，具体见“防止人身伤亡事故”章节差异性解读。

2.《二十五项重点要求》

(1)《二十五项重点要求》主要包括 7 种（防止高处坠落、触电、物体打击、机械伤害、灼烫伤害、起重伤害、中毒与窒息伤害）对人身伤害的后果，烟气脱硫设备系统和液氨储罐 2 种高危作业环境以及电力生产交通事故 10 个方面，涵盖了电力企业发生各种人身伤亡的风险点，适用于各类电力企业。

(2)《二十五项重点要求》第 1 章“防止人身伤亡事故”共包含 84 条具体条款，从 10 个不同类型的人身伤亡事故提出了具体要求，比《十八项反措》更加细化。

(3)《十八项反措》将“防止交通事故”与“防止火灾事故”合并为第 18 章反措，《二十五项重点要求》将“防止电力生产交通事故”作为一种人身伤亡类型纳入第 1 章“防止人身伤亡事故”中。

二、防止系统稳定破坏事故

1.《十八项反措》

(1)《十八项反措》主要包括电源、网架结构、稳定分析及管理、二次系统、无功电压 5 个方面，每方面按照设计、基建、运行三个阶段分别阐述了保证电网规划建设、电力系统运行、电网设备运转等目标的运维关键点，对电网企业的适用性更强。

(2)《十八项反措》第 2 章“防止系统稳定破坏事故”共包含 60 条具体条款，相比 2012 版《十八项反措》结构变化不大，第 2 章整体新增加条款 5 条。

(3)《十八项反措》与《二十五项重点要求》两者一致的要求有 49 项，存在差异性的要求有 12 项，具体见“防止系统稳定性破坏”章节差异性解读。

2.《二十五项重点要求》

(1)《二十五项重点要求》主要包括电源、网架结构、稳定分析及管理、二次系统、无功电压 5 个方面，但每方面未按照设计、基建、运行三个阶段进行阐述，可能考虑面向对象为电力行业全链条，各环节涉及单位不同，因此未明确划分各阶段阐述，但内容与《十八项反措》差距不大。

(2)《二十五项重点要求》第 4 章“防止系统稳定破坏事故”共包含 53 条具体条款，由于此部分适用对象为电网企业，且《二十五项重点要求》编制时间晚于 2012 版《十八项反措》，对比 2012 版《十八项反措》发现，基本与“防止系统稳定破坏事故”章节的要求一致，与现行《十八项反措》的区别在于两版《十八项反措》的条款新增及修订部分。

三、防止机网协调及新能源大面积脱网事故

1.《十八项反措》

(1)《十八项反措》主要包括防止机网协调事故、防止新能源大面积脱网事故 2 个方

面，每方面按照设计、基建、运行三个阶段分别阐述了防止机网协调、新能源（风电、光伏）导致的电网大面积脱网事故需要注意的关键风险点，对电网企业的适用性更强。

（2）《十八项反措》第3章“防止机网协调及新能源大面积脱网事故”共包含53条具体条款，相比2012版《十八项反措》，本章原标题为“防止机网协调及风电大面积脱网事故”，将“防止风电大面积脱网事故”内容修改为“防止新能源大面积脱网事故”内容，重点增加了光伏变电站要求，第3章整体新增加条款16条。

（3）《十八项反措》与《二十五项重点要求》两者一致的要求有5项，存在差异性的要求有35项，具体见“防止机网协调及新能源大面积脱网事故”章节差异性解读。

2.《二十五项重点要求》

（1）《二十五项重点要求》主要包括防止机网协调事故、防止风电机组大面积脱网事故2个方面，但每方面未按照设计、基建、运行三个阶段进行阐述，未明确划分各阶段阐述，但内容与《十八项反措》差距不大，未提及光伏变电站导致的电网大面积脱网事故需要注意的关键风险点。

（2）《二十五项重点要求》第5章“防止机网协调及风电大面积脱网事故”共包含38条具体条款，对比2012版《十八项反措》发现，增加了发电厂的相关要求，针对变电站的要求基本与“防止机网协调及风电大面积脱网事故”章节的要求一致，与现行《十八项反措》的区别在于两版《十八项反措》的条款新增及修订部分。

四、防止电气误操作事故

1.《十八项反措》

（1）《十八项反措》主要包括加强防误操作管理、完善防误操作技术措施2个方面，阐述了防误装置的操作培训、技术培训、防误装置产品选取标准、防误闭锁功能等运行维护涉及的关键点，对电网企业的适用性更强。

（2）《十八项反措》第4章“防止电气误操作事故”共包含23条具体条款，相比2012版《十八项反措》，删除“加强对运行、检修人员防误操作培训”的内容，第4章整体新增加条款12条。

（3）《十八项反措》与《二十五项重点要求》两者一致要求有8项，存在差异性的要求有16项，具体见“防止电气误操作事故”章节差异性解读。

2.《二十五项重点要求》

（1）《二十五项重点要求》本条要求下未设置细项划分，整体要求与《十八项反措》相比也较为简略，整体要求细化程度不如《十八项反措》，适用对象为所有电力企业，且由于编制时间较早，对于近年开展的部分防误装置新技术及运维管理要求也未提及。

（2）《二十五项重点要求》第3章“防止电气误操作事故”共包含13条具体条款，对比2012版《十八项反措》发现，增加了3方面内容，与现行《十八项反措》的区别在于两版《十八项反措》的条款新增及修订部分。

五、防止变电站全停及重要客户停电事故

1.《十八项反措》

（1）《十八项反措》主要包括防止变电站全停事故、防止站用交流系统失电、防止站

用直流系统失电、防止重要客户停电事故 4 个方面，阐述了防误装置的操作培训、技术培训、防误装置产品选取标准、防误闭锁功能等运行维护涉及的关键点，对电网企业的适用性更强。

(2)《十八项反措》第 5 章“防止变电站全停及重要客户停电事故”共包含 84 条具体条款，相比 2012 版《十八项反措》，增加“防止站用交流系统失电”与“防止站用直流系统失电”的内容，第 5 章整体新增加条款 50 条。

(3)《十八项反措》与《二十五项重点要求》两者一致的要求有 10 项，存在差异性的要求有 78 项，具体见“防止变电站全停及重要客户停电事故”章节差异性解读。

2.《二十五项重点要求》

(1)《二十五项重点要求》主要包括防止发电厂全停事故、防止变电站和发电厂升压站全停事故、防止重要用户停电事故 3 个方面，整体要求涵盖了发电厂、变电站、发电厂升压站、重要电力用户，覆盖面大于《十八项反措》，适用对象为所有电力企业，但是且由于编制时间较早，对于近年开展的部分防误装置新技术及运维管理要求也未提及。

(2)《二十五项重点要求》第 22 章“防止发电厂、变电站全停及重要客户停电事故”共包含 77 条具体条款，对比 2012 版《十八项反措》发现，增加了发电厂（包括升压站）的相关要求，针对变电站的要求基本与“防止变电站全停事故”章节的要求一致，与现行《十八项反措》的区别在于两版《十八项反措》的条款新增及修订部分。

六、防止输电线路事故

1.《十八项反措》

(1)《十八项反措》主要包括防止倒塔、断线、绝缘子和金具断裂、风偏闪络、覆冰舞动、鸟害闪络、外力破坏、“三跨”8 类事故，每类事故按照设计、基建、运行三个阶段分别阐述技术要求及运行维护关键风险点，对电网企业的适用性更强。

(2)《十八项反措》第 6 章“防止输电线路事故”共包含 75 条具体条款，相比 2012 版《十八项反措》，增加“防止‘三跨’事故”的内容，第 6 章整体新增加条款 31 条。

(3)《十八项反措》与《二十五项重点要求》两者一致的要求有 17 项，存在差异性的要求有 63 项，具体见“防止输电线路事故”章节差异性解读。

2.《二十五项重点要求》

(1)《二十五项重点要求》主要包括防止倒塔、断线、绝缘子和金具断裂、风偏闪络、覆冰舞动、鸟害闪络、外力破坏 7 类事故，每类事故未按照设计、基建、运行三个阶段进行阐述，未明确划分各阶段阐述，但内容与《十八项反措》差距不大，未提及“防止‘三跨’事故”相关的装置要求及运行维护需要注意的关键风险点。

(2)《二十五项重点要求》第 15 章“防止输电线路事故”共包含 51 条具体条款，对比 2012 版《十八项反措》发现，基本与“防止输电线路事故”章节的要求一致，与现行《十八项反措》的区别在于两版《十八项反措》的条款新增及修订部分。

七、防止输变电设备污闪事故

1.《十八项反措》

(1)《十八项反措》主要包括设计、基建、运行三个阶段分别阐述输变电设备外绝缘污秽要求、防污闪材料、防污闪措施、污秽地区外绝缘配置等要求，对电网企业的适用性更强。

（2）《十八项反措》第7章“防止输变电设备污闪事故”共包含19条具体条款，相比2012版《十八项反措》，结构变化不大，第7章整体新增加条款11条。

（3）《十八项反措》与《二十五项重点要求》两者一致的要求有2项，存在差异性的要求有22项，具体见“防止输变电设备污闪事故”章节差异性解读。

2.《二十五项重点要求》

（1）《二十五项重点要求》本条要求下未设置细项划分，整体要求与《十八项反措》相比也较为简略，整体要求细化程度不如《十八项反措》，适用对象为所有电力企业。

（2）《二十五项重点要求》第16章“防止污闪事故”共包含11条具体条款，对比2012版《十八项反措》发现，基本与“防止输变电设备污闪事故”章节的要求一致，与现行《十八项反措》的区别在于两版《十八项反措》的条款新增及修订部分。

八、防止直流换流站设备损坏和单双极强迫停运事故

1.《十八项反措》

（1）《十八项反措》主要包括防止换流阀损坏、换流变压器（油浸式平波电抗器）损坏、站用电系统失电、外绝缘闪络、直流控制保护设备、直流双极强迫停运6类事故，每类事故按照设计、基建、运行三个阶段分别阐述技术要求及运行维护关键风险点，对电网企业的适用性更强。

（2）《十八项反措》第8章“防止直流换流站设备损坏和单双极强迫停运事故”共包含90条具体条款，相比2012版《十八项反措》，结构变化不大，第8章整体新增加条款15条。

（3）《十八项反措》与《二十五项重点要求》两者一致的要求有47项，存在差异性的要求有49项，具体见“防止直流换流站设备损坏和单双极强迫停运事故”章节差异性解读。

2.《二十五项重点要求》

（1）《二十五项重点要求》主要包括防止换流阀损坏、换流变压器（平波电抗器）损坏、失去站用电、外绝缘、直流控制保护设备5类事故，但每类事故未按照设计、基建、运行三个阶段进行阐述，未明确划分各阶段阐述，但内容与《十八项反措》差距不大，未提及“防止直流双极强迫停运事故”相关的装置要求及运行维护需要注意的关键风险点。

（2）《二十五项重点要求》第21章“防止直流换流站设备损坏和单双极强迫停运事故”共包含64条具体条款，对比2012版《十八项反措》发现，基本与“防止直流换流站设备损坏和单双极强迫停运事故”章节的要求一致，与现行《十八项反措》的区别在于两版《十八项反措》的条款新增及修订部分。

九、防止大型变压器（电抗器）损坏事故

1.《十八项反措》

（1）《十八项反措》主要包括防止变压器出口短路、变压器绝缘损坏、变压器保护、

分接开关、变压器套管损坏、穿墙套管损坏、冷却系统损坏、变压器火灾8类事故，每类事故按照设计、基建、运行三个阶段分别阐述设备技术要求及运行维护关键风险点。在对变压器的抗短路能力核算治理、材料抽检、出厂试验及直流偏磁方面，较《二十五项重点要求》进行了严格细致的规定，但上述内容为国家电网公司高标准要求，对发电集团等单位并非完全适用。较《二十五项重点要求》少了对于针对变压器器身暴露时间、变压器油等方面的规定，此内容在国家电网公司相关的安装、大修、交接等规程及标准中都作出了详细规定，已成为国家电网公司常规项目，因此未再次明确，而《二十五项重点要求》针对全部电力企业，有些企业没有这部分的详细规定，因此保留了此部分的内容。

(2)《十八项反措》第9章“防止大型变压器（电抗器）损坏事故”共包含69条具体条款，相比2012版《十八项反措》，增加“防止穿墙套管事故”的内容，第9章整体新增加条款22条。

(3)《十八项反措》与《二十五项重点要求》两者一致的要求有19项，存在差异性的要求有66项，具体见“防止大型变压器（电抗器）损坏事故”章节差异性解读。

2.《二十五项重点要求》

(1)《二十五项重点要求》主要包括防止变压器出口短路、变压器绝缘、变压器保护、分接开关、变压器套管、穿墙套管、冷却系统、变压器火灾、互感器9类事故，但每类事故未按照设计、基建、运行三个阶段进行阐述，未明确划分各阶段阐述，结构上将“防止互感器事故”在本章做要求，内容上未提及“防止穿墙套管事故”相关要求（2条），由于适用对象为所有电力企业，其余部分内容与《十八项反措》相比不够细化。

(2)《二十五项重点要求》第12章“防止大型变压器损坏和互感器事故”共包含58条具体条款，对比2012版《十八项反措》发现，基本与“防止大型变压器（电抗器）损坏事故”章节的要求一致，与现行《十八项反措》的区别在于两版《十八项反措》的条款新增及修订部分。

十、防止无功补偿装置损坏事故

1.《十八项反措》

(1)《十八项反措》主要包括防止串联电容器补偿装置损坏、并联电容器装置损坏、干式电抗器损坏、动态无功补偿装置损坏4类事故，每类事故按照设计、基建、运行三个阶段分别阐述设备技术要求及运行维护关键风险点，涵盖了电容器、电抗器、SVC、SVG等新型无功补偿装置，对电网企业的适用性更强。

(2)《十八项反措》第10章“防止直流换流站设备损坏和单双极强迫停运事故”共包含85条具体条款，相比2012版《十八项反措》，增加“防止干式电抗器损坏事故”及“防止动态无功补偿装置损坏事故”的内容，将“防止并联电容器装置损坏事故”中包含的“并联电容器用串联电抗器”内容，整体调整至“防止干式电抗器损坏事故”，第10章整体新增加条款44条。

(3)《十八项反措》与《二十五项重点要求》两者一致的要求有21项，存在差异性的要求有68项，具体见“防止无功补偿装置损坏事故”章节差异性解读。

2.《二十五项重点要求》

(1)《二十五项重点要求》主要包括防止串联电容器补偿装置与高压并联电容器装置2

类事故，但每类事故未按照设计、基建、运行三个阶段进行阐述，由于编制时间较早，适用对象为电力企业（包括发电企业），部分企业无功补偿装置未大规模开展使用，未提及“防止干式电抗器损坏事故”及“防止动态无功补偿装置损坏事故”的相关要求。

（2）《二十五项重点要求》第20章“防止串联电容器补偿装置和并联电容器装置事故”共包含56条具体条款，对比2012版《十八项反措》发现，基本与“防止串联电容器补偿装置损坏事故”及“防止并联电容器装置损坏事故”章节的要求一致，与现行《十八项反措》的区别在于两版《十八项反措》的条款新增及修订部分。

十一、防止互感器损坏事故

1.《十八项反措》

（1）《十八项反措》主要包括防止油浸式互感器损坏、气体绝缘互感器损坏、电子式互感器损坏、干式互感器损坏4类事故，每类事故按照设计、基建、运行三个阶段分别阐述设备技术要求及运行维护关键风险点，涵盖了充油、充气、电子式、干式等多种电网企业目前大量使用的互感器装置，对电网企业的适用性更强。

（2）《十八项反措》第11章“防止互感器损坏事故”共包含50条具体条款，相比2012版《十八项反措》，增加“防止电子式互感器损坏事故”及“防止干式互感器损坏事故”的内容，第11章整体新增加条款28条。

（3）《十八项反措》与《二十五项重点要求》两者一致的要求有7项，存在差异性的要求有57项，具体见“防止互感器损坏事故”章节差异性解读。

2.《二十五项重点要求》

（1）《二十五项重点要求》将防止互感器损坏作为12.8节体现，分为油浸式互感器与SF_6充气互感器提出具体要求，由于适用对象为电力企业（包括发电企业），部分企业未大规模开展使用电子式及干式互感器装置，未提及“防止电子式互感器损坏事故”及“防止干式互感器损坏事故”的相关要求。

（2）《二十五项重点要求》“12.8防止互感器事故”共包含36条具体条款，对比2012版《十八项反措》发现，基本与“防止油浸式互感器损坏事故”及“防止气体绝缘互感器损坏事故”章节的要求一致，与现行《十八项反措》的区别在于两版《十八项反措》的条款新增及修订部分。

十二、防止GIS、开关设备事故

1.《十八项反措》

（1）《十八项反措》主要包括防止断路器、GIS、敞开式隔离开关及接地开关、开关柜4类事故，每类事故按照设计、基建、运行三个阶段分别阐述了GIS、断路器、隔离开关、开关柜等电网企业目前主要使用的开关关断类设备的技术要求，结合电网公司运行维护特点，对关键工作的技术工艺、设备参数要求更为细致严格，对电网企业的适用性更强。

（2）《十八项反措》第12章“防止GIS、开关设备事故”共包含91条具体条款，相比2012版《十八项反措》，将“防止GIS（包括HGIS）、SF_6断路器事故”一节按照“防止断路器事故”“防止GIS事故”分节编写，将“10.2.1并联电容器装置用断路器部分”

相关内容合并至本章节，整体调整至“防止干式电抗器损坏事故”，第 12 章整体新增加条款 47 条。

(3)《十八项反措》与《二十五项重点要求》两者一致的要求有 7 项，存在差异性的要求有 101 项，具体见“防止 GIS、开关设备事故”章节差异性解读。

2.《二十五项重点要求》

(1)《二十五项重点要求》主要包括防止 GIS（包括 HGIS）、SF_6 断路器、敞开式隔离开关及接地开关、开关柜 4 类事故，但每类事故未按照设计、基建、运行三个阶段进行阐述，结构上将防止 GIS（包括 HGIS）、SF_6 断路器事故放在同一章节，内容上较《十八项反措》不够细化，由于适用对象为电力企业（包括发电企业），相关装置的重点要求及运行维护要求没有《十八项反措》严格。

(2)《二十五项重点要求》第 13 章“防止 GIS、开关设备事故”共包含 61 条具体条款，对比 2012 版《十八项反措》发现，基本与“防止 GIS、开关设备事故”章节的要求一致，与现行《十八项反措》的区别在于两版《十八项反措》的条款新增及修订部分。

十三、防止电力电缆损坏事故

1.《十八项反措》

(1)《十八项反措》主要包括防止绝缘击穿、电缆火灾、外力破坏和设施被盗 3 方面，每方面按照设计、基建、运行三个阶段分别阐述电缆设备绝缘要求、防火措施、防外力破坏措施、周围环境及保护措施等要求，结合城市内电缆运行维护经验，对电网企业的适用性更强。

(2)《十八项反措》第 13 章“防止电力电缆损坏事故”共包含 60 条具体条款，相比 2012 版《十八项反措》，删除“防止单芯电缆金属护层绝缘故障”的内容，第 13 章整体新增加条款 9 条。

(3)《十八项反措》与《二十五项重点要求》两者一致的要求有 18 项，存在差异性的要求有 47 项，具体见“防止电力电缆损坏事故”章节差异性解读。

2.《二十五项重点要求》

(1)《二十五项重点要求》主要包括防止电缆绝缘击穿事故、防止外力破坏和设施被盗、防止单芯电缆金属护层绝缘故障 3 方面，由于编写风格的差异，结构上将“防止电缆着火事故”放在 2.2 节叙述（包括 17 条条款），由于适用对象为电力企业（包括发电企业），内容上较《十八项反措》增加了“防止单芯电缆金属护层绝缘故障”。

(2)《二十五项重点要求》第 17 章“防止电力电缆损坏事故”共包含 60 条具体条款（2.2 防止电缆着火事故包含 17 条条款），对比 2012 版《十八项反措》发现，基本与“防止电力电缆损坏事故”章节的要求一致，与现行《十八项反措》的区别在于两版《十八项反措》的条款新增及修订部分。

十四、防止接地网和过电压事故

1.《十八项反措》

(1)《十八项反措》主要包括防止接地网、雷电过电压、变压器过电压、谐振过电压、弧光接地过电压、无间隙金属氧化物避雷器、避雷针事故7类事故，每类事故按照设计、基建、运行三个阶段分别阐述了接地网、避雷器、避雷针等电网企业目前主要使用的过电压类设备的技术要求及运行维护关键风险点，对电网企业的适用性更强。

（2）《十八项反措》第14章“防止接地网和过电压事故”共包含42条具体条款，相比2012版《十八项反措》，将部分引用的设计规范与测量导则进行了更新（新反措以新导则为标准），增加“防止避雷针事故”的内容，第14章整体新增加条款19条。

（3）《十八项反措》与《二十五项重点要求》两者一致的要求有9项，存在差异性的要求有39项，具体见“防止接地网和过电压事故”章节差异性解读。

2.《二十五项重点要求》

（1）《二十五项重点要求》主要包括防止接地网、雷电过电压、变压器过电压、谐振过电压、弧光接地过电压、无间隙金属氧化物避雷器事故6类事故，但每类事故未按照设计、基建、运行三个阶段进行阐述，由于适用对象为电力企业（包括发电企业），内容上较《十八项反措》缺少“防止避雷针事故”的内容。

（2）《二十五项重点要求》第14章“防止接地网和过电压事故”共包含30条，对比2012版《十八项反措》发现，基本与“防止接地网和过电压事故”章节的要求一致，与现行《十八项反措》的区别在于两版《十八项反措》的条款新增及修订部分。

十五、防止继电保护事故

1.《十八项反措》

（1）《十八项反措》主要包括规划设计阶段、继电保护配置、基建调试及验收、运行管理、定值管理、二次回路、智能变电站保护等7方面应注意的问题，涉及站内继电保护系统设计、基建、调试、验收、运行多个阶段的技术要求，继电保护装置的配置、选型，二次回路及智能变电站的保护装置技术要求及运行维护关键风险点等，对电网企业的适用性更强。

（2）《十八项反措》第15章“防止继电保护事故”共包含131条具体条款，相比2012版《十八项反措》，删除“技术监督应注意的问题”的内容，增加“智能站保护应注意的问题”内容，第15章整体新增加条款16条。

（3）《十八项反措》与《二十五项重点要求》两者一致的要求有16项，存在差异性的要求有106项，具体见“防止继电保护事故”章节差异性解读。

2.《二十五项重点要求》

（1）《二十五项重点要求》该条由于编写风格的差异，结构上未设置具体章节细项划分，全部以条款形式体现，整体要求细化程度不如《十八项反措》，对于智能变电站的保护装置相关要求较少，适用对象为所有电力企业。

（2）《二十五项重点要求》第18章“防止继电保护事故”共包含77条具体条款，对比2012版《十八项反措》发现，基本与“防止继电保护事故”章节的要求一致，与现行《十八项反措》的区别在于两版《十八项反措》的条款新增及修订部分。

十六、防止电网调度自动化系统、电力通信网及信息系统事故

1.《十八项反措》

（1）《十八项反措》主要包括防止电网调度自动化系统、电力监控系统网络安全、电

力通信网、信息系统、网络安全事故等5类事故，每类事故按照设计、基建、运行三个阶段分别阐述了自动化系统、信息系统、监控系统等电网企业目前主要使用的通信信息设备的技术要求及运行维护关键风险点，对电网企业的适用性更强。

(2)《十八项反措》第16章“防止电网调度自动化系统、电力通信网及信息系统事故”共包含148条具体条款，相比2012版《十八项反措》，增加“防止电力监控系统网络安全事故”和“防止网络安全事故”内容，第16章整体新增加条款88条。

(3)《十八项反措》与《二十五项重点要求》两者一致的要求有15项，存在差异性的要求有74项，具体见“防止电网调度自动化系统、电力通信网及信息系统事故”章节差异性解读。

2.《二十五项重点要求》

(1)《二十五项重点要求》主要包括防止电力调度自动化系统、电力通信网、信息系统3类事故应注意的问题，但每类事故未按照设计、基建、运行三个阶段进行阐述，由于适用对象为电力企业（包括发电企业），不同企业通信信息系统使用上的区别，内容上较《十八项反措》缺少“防止电力监控系统网络安全事故”和“防止网络安全事故”的内容。

(2)《二十五项重点要求》第19章“防止电力调度自动化系统、电力通信网及信息系统事故”共包含63条，对比2012版《十八项反措》发现，基本与“防止电网调度自动化系统、电力通信网及信息系统事故”章节的要求一致，与现行《十八项反措》的区别在于两版《十八项反措》的条款新增及修订部分。

十七、防止垮坝、水淹厂房事故

1.《十八项反措》

(1)《十八项反措》主要按照设计、基建、运行三个阶段分别阐述大坝、厂房建设的工程地质、气候条件、防洪防汛等要求，与《二十五项重点要求》差异不大，差异主要是对部分内容进行的补充和完善，对电网企业的适用性更强。

(2)《十八项反措》第17章“防止垮坝、水淹厂房事故”共包含24条具体条款，相比2012版《十八项反措》，第17章整体新增加条款3条。

(3)《十八项反措》与《二十五项重点要求》两者要求一致的条款有20项，存在差异性的条款有8项，具体见“防止垮坝、水淹厂房事故”章节差异性解读。

2.《二十五项重点要求》

(1)《二十五项重点要求》本条由于编写风格的差异，结构上与《十八项反措》不同，主要包括加强大坝、厂房防洪设计，落实大坝、厂房施工期防洪、防汛措施，加强大坝、厂房日常防洪、防汛管理3个方面，由于适用对象为电力企业（包括发电企业），内容上较《十八项反措》更为丰富。

(2)《二十五项重点要求》第24章“防止垮坝、水淹厂房及厂房坍塌事故”共包含26条，对比2012版《十八项反措》发现，比现行《十八项反措》的要求更为丰富。

十八、防止火灾事故和交通事故

1.《十八项反措》

(1)《十八项反措》主要包括加强防火组织管理，加强消防设施管理，建立健全交通安全管理机制，加强对各种车辆维修管理，加强对驾驶员的管理和教育，加强对集体企业和外包施工企业的车辆交通安全管理，加强大型活动、作业用车、和通勤用车管理，加强大件运输、大件转场及搬运危化品、等易燃易爆物运输管理等 8 个方面，与电网的日常工作息息相关，对电网企业的适用性更强。

（2）《十八项反措》第 18 章“防止火灾事故和交通事故”共包含 29 条具体条款，相比 2012 版《十八项反措》，第 18 章整体新增加条款 5 条。

（3）《十八项反措》与《二十五项重点要求》两者要求一致的条款有 4 条，存在差异性的条款有 112 条，具体见“防止火灾事故和交通事故”章节差异性解读。

2.《二十五项重点要求》

（1）《二十五项重点要求》本条由于编写风格的差异，结构上与《十八项反措》不同，主要包括加强防火组织与消防设施管理，防止电缆着火、汽机油系统着火、燃油罐区及锅炉油系统着火、制粉系统爆炸、氢气系统爆炸、输煤皮带着火、脱硫系统着火、氨系统着火爆炸、天然气系统着火爆炸、风力发电机组着火等 10 类事故，涵盖了电力企业发生各种火灾事故的风险点，适用于各类电力企业（尤其是发电企业），部分适用于电网企业（加强防火组织与消防设施管理，防止电缆着火事故）。

（2）《二十五项重点要求》第 2 章“防止火灾事故”共包含 102 条具体条款，从 10 类不同类型的火灾事故提出了具体要求，比《十八项反措》更加细化，应用范围更广。

（3）《十八项反措》将“防止交通事故”与“防止火灾事故”合并为一章，《二十五项重点要求》将“防止电力生产交通事故”作为一种人身伤亡类型纳入第 1 章“防止人身伤亡事故”中（6 条条款）。

第四节　《二十五项重点要求》中有关发电设备的 8 项反事故措施

一、防止锅炉事故

（1）防止锅炉事故为《二十五项重点要求》第 6 章内容，主要包括与锅炉专业紧密相连的“防止锅炉尾部再次燃烧事故”“防止锅炉炉膛爆炸事故”“防止制粉系统爆炸和煤尘爆炸事故”“防止锅炉满水和缺水事故”“防止锅炉承压部件失效事故”5 种事故。

（2）编制过程中充分考虑了近年来新建机组 600MW 及以上超/超超临界机组为主，新煤种层出不穷，等离子、小油枪等少油/无油点火技术、干除渣技术普遍应用，脱硫脱硝设备已成为基本配置，而且增加了大型循环流化床锅炉和蒸汽燃气联合循环余热锅炉等形式，这些技术和设备的广泛采用。

二、防止压力容器等承压设备爆破事故

（1）防止压力容器等承压设备爆破事故为《二十五项重点要求》第 7 章内容，主要包括“防止承压设备超压”“防止氢罐爆炸事故”“严格执行压力容器定期检验制度”“加强

压力容器注册登记管理”4个方面。

(2)该章节内容主要根据《中华人民共和国特种设备安全法》的基本精神，本着“安全第一、预防为主、节能环保、综合治理”的原则，参考引用了近几年新颁布的国家、行业和企业标准的内容。

(3)为了有效地防止压力容器等承压设备的爆破事故，就必须严格按照国家和行业的要求，对其实施从设计、制造、安装、运行、检修和检验的全过程管理。

三、防止汽轮机、燃气轮机事故

(1)防止汽轮机、燃气轮机事故为《二十五项重点要求》第8章内容，主要包括“防止汽轮机超速事故”“防止汽轮机轴系断裂及损坏事故”“防止汽轮机大轴弯曲事故”“防止汽轮机、燃气轮机轴瓦损坏事故”“防止燃气轮机超速事故”“防止燃气轮机轴系断裂及损坏事故”“防止燃气轮机燃气系统泄漏爆炸事故”7种事故。

(2)针对近些年电力企业生产中暴露出的新问题，从设备制造、设计、基建、运行和维护等环节补充提出了一些新的措施，丰富了防止燃气轮机事故的相关条款及要求。

四、防止分散控制系统、保护失灵事故

(1)防止分散控制系统、保护失灵事故为《二十五项重点要求》第9章内容，主要包括“分散控制系统(DCS)配置的基本要求”“防止水电厂(站)计算机监控系统事故”“分散控制系统故障的紧急处理措施”“防止热工保护失灵”“防止水机保护失灵”5个方面。

(2)“分散控制系统故障的紧急处理措施”“防止热工保护失灵”“防止水机保护失灵”这3方面是根据近年来的一些新标准和热控设备的发展情况，重点明确与强调的要求，特别是关于水电站热控保护的部分反事故措施要求。

五、防止发电机损坏事故

防止发电机损坏事故为《二十五项重点要求》第10章内容，主要包括“防止定子绕组端部松动引起相间短路”“防止定子绕组绝缘损坏和相间短路”“防止转子匝间短路”“防止漏氢”“防止发电机局部过热”“防止发电机内遗留金属异物故障的措施”“防止护环开裂”“防止发电机非同期并网”“防止发电机定子铁芯损坏”“防止发电机转子绕组接地故障”“防止次同步谐振造成发电机损坏”“防止励磁系统故障造成发电机损坏”“防止封闭母线凝露造成发电机跳闸故障”13个方面。

六、防止发电机励磁系统事故

防止发电机励磁系统事故为《二十五项重点要求》第11章内容，主要包括“加强励磁系统的设计管理”“加强励磁系统的基建安装及设备改造的管理”“加强励磁系统的调整试验管理”“加强励磁系统运行安全管理”4个方面。

七、防止水轮发电机组(含抽水蓄能机组)事故

(1)防止水轮发电机组(含抽水蓄能机组)事故为《二十五项重点要求》第23章

内容，主要包括“防止机组飞逸”“防止水轮机损坏”“防止水轮发电机重大事故”“防止抽水蓄能机组相关事故”4个方面。

（2）特别针对俄罗斯萨扬水电站发生的特别重大安全事故（造成75人死亡，13人受伤，3台发电机组几近报废，厂房结构严重破坏）对机组联接紧固部件的安全性提出了重点要求。

八、防止重大环境污染事故

防止重大环境污染事故为《二十五项重点要求》第25章内容，主要包括“严格执行环境影响评价制度与环保‘三同时’原则”“加强灰场的运行维护管理”“加强废水处理，防止超标排放”“加强除尘、除灰、除渣运行维护管理”“加强脱硫设施运行维护管理”“加强脱硝设施运行维护管理”“加强烟气在线连续监测装置运行维护管理”7个方面。

第五节　《十八项反措》《二十五项重点要求》执行过程中的影响

一、主要差异分类

将《十八项反措》与《二十五项重点要求》所有章节内容进行比对后，发现主要包括一致与差异两大类，具体情况体现为以下六方面：

（1）《十八项反措》与《二十五项重点要求》中均有要求，且表述基本一致，相似度高（一致）。

（2）《十八项反措》与《二十五项重点要求》中均有要求，但《十八项反措》要求更全面（差异）。

（3）《十八项反措》中有要求，但《二十五项重点要求》中无要求（差异）。

（4）《二十五项重点要求》中有要求，但《十八项反措》中未提及，已在相关标准文件中要求（差异）。

（5）《十八项反措》与《二十五项重点要求》中均有要求，但侧重点不同（差异）。

（6）《十八项反措》与《二十五项重点要求》中均有要求，但《十八项反措》要求更严格（差异）。

二、具体情况分析与执行建议

（1）《十八项反措》与《二十五项重点要求》中均有要求，且表述基本一致，相似度高（一致）。

情况分析：此部分情况属于《十八项反措》与《二十五项重点要求》两者要求基本一致，表述稍有差别，执行两者要求任何之一均可，考虑到《十八项反措》与电网公司实际生产情况更契合。实际执行时，参考电网企业要求，建议按照《十八项反措》要求执行。

（2）《十八项反措》与《二十五项重点要求》中均有要求，但《十八项反措》要求更全面（差异）。

情况分析：涉及此情况的差异属于《十八项反措》中对于同一问题的要求，相比较《二十五项重点要求》更全面更细致精确，范围更广，两者要求属于包含关系，与电网公司实际生产情况中的部分情况更匹配。实际执行时，参考电网企业要求，建议按照《十八项反措》要求执行。

(3)《十八项反措》中有要求，但《二十五项重点要求》中无要求（差异）。

情况分析：涉及此部分的差异大部分属于电网企业结合自身生产工作现状及近年来的现场案例总结提炼，且基本内容较新，均为2012版《十八项反措》基础上的新增条款，在《二十五项重点要求》中未提及该部分内容。实际执行时，参考电网企业要求，建议按照《十八项反措》要求执行。

(4)《二十五项重点要求》中有要求，但《十八项反措》中未提及，已在相关标准文件中要求（差异）。

情况分析：涉及此情况的差异主要属于两部分，一部分是目前已与电网企业关系不够密切，重点要求集中涉及发电企业的相关要求；另一部分是电网企业已将相关要求在其他规范标准中体现，并在每章节概述中说明，已无需在《十八项反措》中重点强调，或结合实际生产情况，统一标准后在《十八项反措》中删除该条款。针对《二十五项重点要求》中有要求，但在《十八项反措》中未提及的内容，实际执行时，建议参考电网企业要求，查阅相关规范标准，结合《二十五项重点要求》内容，综合分析具体情况后确定执行意见。

(5)《十八项反措》与《二十五项重点要求》中均有要求，但侧重点不同（差异）。

情况分析：涉及此部分的差异大部分属于同一类型下或同一情况不同方面的要求，此时两者虽面向的对象分类相同，但表述时侧重点不同，且要求内容不互为包含关系，两者相互补充，综合两者而言，提出了更全面的要求。实际执行时，原则上均需遵照执行，参考电网企业要求，同时按照《十八项反措》及《二十五项重点要求》要求执行。

(6)《十八项反措》与《二十五项重点要求》中均有要求，但《十八项反措》要求更严格（差异）。

情况分析：涉及此情况的差异属于《十八项反措》与《二十五项重点要求》中对于同一问题的要求，属于同一维度，但要求的具体标准不一致，两者相比较后必然存在一方标准更严格的情况。两者要求不属于包含关系，属于重叠情况，一般经常存在于涉及试验的要求中。实际执行时，参考电网企业要求，建议从严执行，选择两者中要求更为严格的标准执行。

第二章 电力企业常用反事故措施及要求差异性解读（详解部分）

第一节 “防止人身伤亡事故”章节差异性解读

一、整体性对比

《十八项反措》第 1 章“防止人身伤亡事故”对应《二十五项重点要求》第 1 章“防止人身伤亡事故”。《十八项反措》第 1 章“防止人身伤亡事故”共包含 34 条具体条款，《二十五项重点要求》第 1 章“防止人身伤亡事故”共包含 84 条具体条款。《十八项反措》与《二十五项重点要求》两者一致的要求有 2 项，存在差异性的要求有 32 项。

二、分条款对比分析

（一）两者要求一致的条款

《十八项反措》与《二十五项重点要求》两者一致的要求有 2 项，具体内容为：①关于作业现场的要求；②关于运行安全的要求。

上述情况属于《十八项反措》与《二十五项重点要求》两者要求基本一致、表述稍有差别的条款，执行两者要求任何之一均可，考虑到《十八项反措》与电网公司实际生产情况更契合，实际执行时，建议按照《十八项反措》要求即可。

（二）两者存在差异性的条款

《十八项反措》与《二十五项重点要求》两者存在差异性的要求有 32 项，分为下列三种情况。

1.《十八项反措》中有要求，但《二十五项重点要求》中无要求

此种情况涉及的要求有 19 项，具体内容为：①关于安全生产的要求；②关于开关柜类设备的要求；③关于敞开式隔离开关的要求；④关于低压电气带电作业工具的要求；⑤关于业扩报装的要求；⑥关于杆塔组立的要求；⑦关于输电线路放线紧线的要求；⑧关于抗洪抢险的要求；⑨关于劳务外包的要求；⑩关于作业现场违章的要求；⑪关于临时人员的要求；⑫关于安全教育的要求；⑬关于奖惩机制的要求；⑭关于培训创新的要求；⑮关于加强设计阶段安全管理的要求；⑯关于施工项目管理的要求；⑰关于安全设施的要求；⑱关于验收阶段的要求；⑲关于缺陷设备监测、巡视制度的要求。

涉及此情况的差异大部分属于电网企业结合自身生产工作现状及近年来的现场案例总结提炼，且基本内容较新，均为2012版《十八项反措》基础上的新增条款，在《二十五项重点要求》中未提及该部分内容。实际执行时，参考电网企业要求，建议按照《十八项反措》要求执行。

2.《二十五项重点要求》中有要求，但《十八项反措》中无要求

此种情况涉及的要求有7项，具体内容为：①关于防止机械伤害事故的要求；②关于防止灼烫伤害事故的要求；③关于防止起重伤害事故的要求；④关于防止烟气脱硫设备及其系统中人身伤亡事故的要求；⑤关于防止液氨储罐泄漏、中毒、爆炸伤人事故的要求；⑥关于防止中毒与窒息伤害事故的要求；⑦关于防止电力生产交通事故的要求。

涉及此情况的差异主要分为两部分：一部分是目前已与电网企业关系不够密切，如“防止烟气脱硫设备及其系统中人身伤亡事故”等主要涉及发电企业；另一部分是虽然相关但并不能属于电网事故的情况，如“防止电力生产交通事故”等，无需在《十八项反措》中重点强调。针对《二十五项重点要求》中有要求，但在《十八项反措》中未提及的内容，实际执行时，建议结合《二十五项重点要求》内容，综合分析具体情况后确定执行意见。

3.《十八项反措》与《二十五项重点要求》中均有要求，但侧重点不同

此种情况涉及的要求有6项，具体内容为：①关于高处作业的要求；②关于近电作业的要求；③关于有限空间作业的要求；④关于作业人员培训的要求；⑤关于特殊工种持证上岗的要求；⑥关于安全防护器具的要求。

其他部分的差异基本属于同一类型下或同一情况不同方面的要求，且《十八项反措》基本上只进行了基本的规定，而《二十五项重点要求》对每个项目都进行了展开描述和详细规定，相对更完整，提出了更全面的要求，可执行性也较强，只是部分工作内容和要求电网企业并不涉及。实际执行时，原则上均需遵照执行，参考电网企业要求，可同时按照《十八项反措》及《二十五项重点要求》要求执行。

重点内容说明：

（1）关于高处作业的要求。

1）《十八项反措》原文表述为“1.1.2.3 对于高处作业，应搭设脚手架、使用高空作业车、升降平台、绝缘梯、防护网，并按要求使用安全带、安全绳等个体防护装备，个体防护装备应检验合格并在有效期内。严禁在无安全保护的情况下进行高处作业。高处作业人员应持证上岗，凡身体不适合从事高处作业的人员，不得从事高处作业”。

2）《二十五项重点要求》原文表述为“1.1.1 高处作业人员必须经县级以上医疗机构体检合格（体格检查至少每两年一次），凡不适宜高空作业的疾病者不得从事高空作业，防晕倒坠落。

1.1.2 正确使用安全带，安全带必须系在牢固物件上，防止脱落。在高处作业必须穿防滑鞋、设专人监护。高处作业不具备挂安全带的情况下，应使用防坠器或安全绳。

1.1.3 高处作业应设有合格、牢固的防护栏，防止作业人员失误或坐靠坠落。作业立足点面积要足够，跳板进行满铺及有效固定。

1.1.4 登高用的支撑架、脚手架材质合格，并装有防护栏杆、搭设牢固并经验收合格后方可使用，使用中严禁超载，防止发生架体椅塌坠落，导致人员踏空或失稳坠落，使用吊篮悬挂机构的结构件应有足够的强度、刚度和配重及可固定措施。

1.1.5 基坑（槽）临边应装设由钢管 ϕ48mm×3.5mm（直径×管壁厚）搭设带中杆的防护栏杆，防护栏杆上除警示标示牌外不得拴挂任何物件，以防作业人员行走踏空坠落。作业层脚手架的脚手板应铺设严密、采用定型卡带进行固定。

1.1.6 洞口应装设盖板并盖实，表面刷黄黑相间的安全警示线，以防人员行走踏空坠落，洞口盖板掀开后，应装设刚性防护栏杆，悬挂安全警示板，夜间应将洞口盖实并装设红灯警示，以防人员失足坠落。

1.1.7 登高作业应使用两端装有防滑套的合格的梯子，梯阶的距离不应大于 40cm，并在距梯顶 1m 处设限高标志。使用单梯工作时，梯子与地面的斜角度为 60°左右，梯子有人扶持，以防失稳坠落。

1.1.8 拆除工程必须制定安全防护措施、正确的拆除程序，不得颠倒，以防建（构）筑物倒塌坠落。

1.1.9 对强度不足的作业面（如石棉瓦、铁皮板、采光浪板、装饰板等），人员在作业时，必须采取加强措施，以防踏空坠落。

1.1.10 在 5 级及以上的大风以及暴雨、雷电、冰雹、大雾等恶劣天气，应停止露天高处作业。特殊情况下，确需在恶劣天气进行抢修时，应组织人员充分讨论必要的安全措施，经本单位分管生产的领导（总工程师）批准后方可进行。

1.1.11 登高作业人员，必须经过专业技能培训，并应取得合格证书方可上岗。”

“1.3.3 高处作业时，必须做好防止物件掉落的防护措施，下方设置警戒区域，并设专人监护，不得在工作地点下面通行和逗留。上、下层垂直交叉同时作业时，中间必须搭设严密牢固的防护隔板、罩栅或其他隔离设施。

高处作业必须佩带工具袋时，工具袋应拴紧系牢，上下传递物件时，应用绳子系牢物件后再传递，严禁上下抛掷物品。高处作业下方，应设警戒区域，设专人看护。

1.3.4 高处临边不得堆放物件，空间小必须堆放时，必须采取防坠落措施，高处场所的废弃物应及时清理。”

3）分析说明：两者均对高处作业提出了要求。虽然两者都对高处作业的人员资格、设备条件作出了详细的规定，但较之《十八项反措》的要求，《二十五项重点要求》同时还对支撑架、脚手架、防护栏杆等分别作了详细规定，并对各种涉及高处作业的情况均作了全面的指导，考虑到电网工作现场执行的情况，在面临《十八项反措》中未涉及的情况下，可以参照《二十五项重点要求》的要求执行。

（2）关于近电作业的要求。

1）《十八项反措》原文表述为“1.1.2.4 对于近电作业，要注意保持安全距离，落实防感应电触电措施。”

2）《二十五项重点要求》原文表述为“ 1.2.1 凡从事电气操作、电气检修和维护人员（统称电工）必须经专业技术培训及触电急救培训并合格方可上岗，其中属于特种工作的需取得‘特种作业操作证’（电工作业，不含电力系统进网作业；进入电网作业的，还必须取得‘电工进网作业许可证’)。带电作业人员还应取得‘带电作业资格证’。

1.2.6 在高压设备作业时，人体及所带的工具与带电体的最小安全距离……

1.2.7 高压电气设备带电部位对地距离不满足设计标准时，周边必须装设防护围栏，门应加锁，并挂好安全警示牌。在做高压试验时，必须装设围栏，并设专人看护，非工作人员禁止入内。操作人员应站在绝缘物上。

1.2.8 电气设备必须装设保护接地（接零），不得将接地线接在金属管道上或其他金属构件上。雨天操作室外高压设备时，绝缘棒应有防雨罩，还应穿绝缘靴。雷电时严禁进行就地倒闸操作。

1.2.9 当发觉有跨步电压时，应立即将双脚并在一起或用一条腿跳着离开导线断落地点。

1.2.10 在地下敷设电缆附近开挖土方时，严禁使用机械开挖。

1.2.11 严禁用湿手去触摸电源开关以及其他电器设备。

1.2.12 为防止发生电气误操作触电，操作时应遵循以下原则：1）停电……2）验电……3）装设地线……。

1.2.13 严禁无票操作及擅自解除高压电器设备的防误操作闭锁装置，严禁带接地线（接地开关）合断路器（隔离开关）及带负荷合（拉）隔离开关，严禁误入带电间隔。”

3）分析说明：两者均对近电作业和安全防护器具提出了要求。但《二十五项重点要求》更具体地规定了带电距离、停电、验电、接地等内容。由于带电距离、停电、验电、接地等内容在《国家电网公司安全工作规程（变电部分）》已经作了详细规定和要求，无需在《十八项反措》中再次强调。

（3）关于安全防护器具的要求。

1）《十八项反措》原文表述为“1.5.1 认真落实安全生产各项组织措施和技术措施，配备充足的、经国家认证认可的、经质检机构检测合格的安全工器具和防护用品，并按照有关标准、规定和规程要求定期检验，禁止使用不合格的安全工器具和防护用品，提高作业安全保障水平。”

2）《二十五项重点要求》原文表述为“1.2.2 凡从事电气作业人员应佩戴合格的个人防护用品：高压绝缘鞋（靴）、高压绝缘手套等必须选用具有国家‘劳动防护品安全生产许可证书’资质单位的产品且在检验有效期内。作业时必须穿好工作服、戴安全帽，穿绝缘鞋（靴）、戴绝缘手套。

1.2.3 使用绝缘安全用具——绝缘操作杆、验电器、携带型短路接地线等必须选用具有‘生产许可证’‘产品合格证’‘安全鉴定证’的产品，使用前必须检查是否贴有‘检验合格证’标签及是否在检验有效期内。

1.2.4 选用的手持电动工具必须具有国家认可单位发的‘产品合格证’，使用前必须检查工具上贴有‘检验合格证’标识，检验周期为6个月。使用时必须接在装有动作电流不大于30mA、一般型（无延时）的剩余电流动作保护器的电源上，并不得提着电动工具的导线或转动部分使用，严禁将电缆金属丝直接插入插座内使用。”

3）分析说明：两者均对安全防护器具提出了要求。但《二十五项重点要求》更具体地规定了安全工具的选择、使用、电源等内容。由于安全工器具的使用在《国家电网公司电力安全工器具管理规定》中已经作了相关要求，无需在《十八项反措》中再次强调。

第二节　“防止系统稳定性破坏”章节差异性解读

一、整体性对比

《十八项反措》第2章“防止系统稳定性破坏事故”对应《二十五项重点要求》第4章“防止系统稳定性破坏事故”。《十八项反措》第二章“防止系统稳定性破坏事故”共包含60条具体条款，《二十五项重点要求》第四章“防止系统稳定性破坏事故”共包含53条具体条款。《十八项反措》与《二十五项重点要求》两者一致的要求有49项，存在差异性的要求有12项。

二、分条款对比分析

（一）两者要求一致的条款

《十八项反措》与《二十五项重点要求》两者一致的要求有49项，具体内容为：①关于电源设计、基建、运行阶段的要求；②关于网架结构设计、基建、运行阶段的要求；③关于稳定分析及管理设计、基建、运行阶段的要求；④关于二次系统设计、基建、运行阶段的要求；⑤关于无功电压设计、基建、运行阶段的要求。

上述情况属于《十八项反措》与《二十五项重点要求》两者要求基本一致、表述稍有差别的条款，执行两者要求任何之一均可，考虑到《十八项反措》与电网公司实际生产情况更契合，实际执行时，建议按照《十八项反措》要求即可。

（二）两者存在差异性的条款

《十八项反措》与《二十五项重点要求》两者存在差异性的要求有12项，分为下列两种情况。

1.《十八项反措》与《二十五项重点要求》中均有要求，但《十八项反措》要求更全面

此种情况涉及的要求有4项，具体内容为：①新能源的接入系统的要求；②加强电网规划设计及强化电网薄弱环节方面；③重视和加强系统稳定计算分析工作；④在用电高峰时段对100kVA及以上电力用户供电功率因数的要求。

涉及此情况的差异属于《十八项反措》中对于同一问题的要求，相比较《二十五项重点要求》更全面、更细致精确的条款。如《十八项反措》中对新能源接入系统的要求，其新能源涵盖范围更广，不仅仅包括风能。对加强电网规划设计工作中特别指出了“重点加强特高压电网建设及配电网完善工作，对供电可靠性要求高的电网应适度提高设计标准”，对电网如何加强规划设计、强化薄弱环节作了相对具体的说明，明确了电网大的发展方向。对重视和加强系统稳定计算分析工作和用电高峰时段供电功率因数的要求提出了更细

致的要求，实际执行时，参考电网企业要求，建议按照《十八项反措》要求执行。

重点内容说明：

关于新能源接入系统的要求。

1）《十八项反措》原文表述为“新能源电场（站）接入系统方案应与电网总体规划相协调，并满足相关规程、规定的要求。在完成电网接纳新能源能力研究的基础上，开展新能源电场（站）接入系统设计；对于集中开发的大型能源基地新能源项目，在开展接入系统设计之前，还应完成输电系统规划设计。”

2）《二十五项重点要求》原文表述为“开展风电场接入系统设计之前，应完成‘电网接纳风电能力研究’和‘大型风电场输电系统规划设计’等新能源相关研究。风电场接入系统方案应与电网总体规划相协调，并满足相关规程、规定的要求。”

3）分析说明：两者相差在于强调使用范围不同，《十八项反措》范围更广，其新能源不仅局限于风能，而且对于一般的新能源接入，并没有要求开展输电系统规划设计。实际执行时，参考电网企业要求，按照《十八项反措》要求执行。

2.《十八项反措》中有要求，但《二十五项重点要求》中无要求

此种情况涉及的要求有8项，具体内容为：①合理布局抽蓄电站等调峰电源；②防止机组大量脱网的反事故措施；③新建工程的规划设计应统筹考虑的问题；④特高压直流及柔性直流的控制保护逻辑差异化设计；⑤电网迎峰度夏期间和重点保电时段对重点设备的运行维护、运维管控、特巡的要求；⑥对两侧系统短路容量相差较大的线路，其重合闸重合方式的要求，及不满足要求情况下的临时解决方案；⑦对于动态无功不足的特高压直流受端系统、短路容量不足的直流弱送端系统以及高比例受电地区，应通过技术经济比较配置调相机等动态无功补偿装置；⑧对AVC投产时间及开闭环运行先后顺序的相关要求。

涉及此情况的差异大部分属于电网企业结合自身生产工作现状及近年来的现场案例总结提炼，且基本内容较新，均为2012版《十八项反措》基础上的新增条款，在《二十五项重点要求》中未提及该部分内容。实际执行时，参考电网企业要求，建议按照《十八项反措》要求执行。

第三节 “防止机网协调及新能源大面积脱网事故”章节差异性解读

一、整体性对比

《十八项反措》第3章“防止机网协调及新能源大面积脱网事故”对应《二十五项重点要求》第5章“防止机网协调及风电大面积脱网事故”。《十八项反措》第3章“防止机网协调及新能源大面积脱网事故”共包含53条具体条款，《二十五项重点要求》“防止机网协调及风电大面积脱网事故”共包含38条具体条款。《十八项反措》与《二十五项重点要求》两者一致的要求有5项，存在差异性的要求有35项。

二、分条款对比分析

（一）两者要求一致的条款

《十八项反措》与《二十五项重点要求》两者一致的要求有5项，具体内容为：①关于串联补偿电容器送出线路的要求；②关于励磁系统无功调差功能的要求；③关于并网发电机组的一次调频功能参数的要求；④关于发电机组进相运行规程的要求；⑤关于发电机组调速系统的要求。

上述情况属于《十八项反措》与《二十五项重点要求》两者要求基本一致、表述稍有差别的条款，执行两者要求任何之一均可，考虑到《十八项反措》与电网公司实际生产情况更契合，实际执行时，建议按照《十八项反措》要求即可。

（二）两者存在差异性的条款

《十八项反措》与《二十五项重点要求》两者存在差异性的要求有35项，分为下列五种情况。

1.《十八项反措》与《二十五项重点要求》中均有要求，但《十八项反措》要求更全面

此种情况涉及的要求有1项，具体内容为：关于励磁、调速、无功补偿装置的要求。

涉及此情况的差异属于《十八项反措》中对于同一问题的要求，相比较《二十五项重点要求》更全面、更细致精确，范围更广的条款，两者要求属于包含关系，与电网公司实际生产情况中的部分情况更匹配。实际执行时，参考电网企业要求，建议按照《十八项反措》要求执行。

2.《十八项反措》中有要求，但《二十五项重点要求》中无要求

此种情况涉及的要求有13项，具体内容为：①关于水轮机调速器控制程序的要求；②关于新建机组及增容改造机组的要求；③关于涉网保护核查评估工作的要求；④关于发电机组附属设备变频器的要求；⑤关于孤岛/孤网风险的区域电网内水轮发电机调速器的要求；⑥关于水轮机调速器重要控制信号的要求；⑦关于发电机组一次调频调节性能的要求；⑧关于风电场、光伏发电站无功补偿设备电压穿越能力的要求；⑨关于风电场、光伏发电站有功功率控制系统的要求；⑩关于风电场、光伏发电站一次调频功能的要求；⑪关于风电场、光伏发电站安全稳定控制装置的要求；⑫关于风电场、光伏发电站电量平衡的要求；⑬关于发电机组进相运行管理的要求。

涉及此情况的差异大部分属于电网企业结合自身生产工作现状及近年来的现场案例总结提炼，且基本内容较新，均为2012版《十八项反措》基础上的新增条款，在《二十五项重点要求》中未提及该部分内容。实际执行时，参考电网企业要求，建议按照《十八项反措》要求执行。

3.《二十五项重点要求》中有要求，但《十八项反措》中无要求

此种情况涉及的要求有13项，具体内容为：①关于机组并网调试前技术资料的要求；②关于励磁系统建模及参数实测工作的要求；③关于发电机励磁系统的要求；④关于自动电压控制系统进行发电机调压的要求；⑤关于自动励磁调节器的过励限制和过励保护的要

求；⑥关于励磁变压器保护定值的要求；⑦关于励磁系统电压、频率限制的要求；⑧关于励磁系统定子过压限制环节的要求；⑨关于风电场并网点电能质量的要求；⑩关于风电场动态无功补偿容量配置的要求；⑪关于电力频率的要求；⑫关于风电场二次系统及设备的要求；⑬关于加强发电机组自动发电控制运行管理的要求。

涉及此情况的差异主要包括两部分：一部分是目前已与电网企业关系不够密切，重点要求集中涉及发电企业的相关要求；另一部分是电网企业已将相关要求在其他规范标准中体现，并在每章节概述中说明，已无需在《十八项反措》中重点强调，或结合实际生产情况，统一标准后在《十八项反措》中删除该条款。针对《二十五项重点要求》中有要求，但在《十八项反措》中未提及的内容，实际执行时，建议参考电网企业要求，查阅相关规范标准，结合《二十五项重点要求》内容，综合分析具体情况后确定执行意见。

4.《十八项反措》与《二十五项重点要求》中均有要求，但侧重点不同

此种情况涉及的要求有 4 项，具体内容为：①关于发电机组一次调频功能的要求；②关于风电场、光伏发电站内主要设备技术材料的要求；③关于发电机组进相运行管理的要求中关于保护配合的问题的要求；④关于新建及改扩建风电场、光伏发电站设备选型的要求。

涉及此情况的差异大部分属于同一类型下或同一情况不同方面的要求，此时两者虽面向的对象分类相同，但表述时侧重点不同，且要求内容不互为包含关系，两者相互补充，综合两者而言，提出了更全面的要求。实际执行时，原则上均需遵照执行，参考电网企业要求，同时按照《十八项反措》及《二十五项重点要求》要求执行。

重点内容说明：

（1）关于发电机组一次调频功能的要求。

1）《十八项反措》原文表述为“3.1.1.6 火电、燃机、核电、水电机组应具备一次调频功能。”

2）《二十五项重点要求》原文表述为“5.1.6 为防止频率异常时发生电网崩溃事故，发电机组应具有必要的频率异常运行能力。正常运行情况下，汽轮发电机组频率异常允许运行时间应满足表 5-1 的要求。”

3）分析说明：《二十五项重点要求》多了一个汽轮发电机组频率异常允许运行时间；参考电网企业要求，按照《十八项反措》要求执行。

（2）关于风电场、光伏发电站内主要设备技术材料的要求。

1）《十八项反措》原文表述为“3.2.2.1 风电场、光伏发电站应向相应调控机构提供电网计算分析所需的风电机组、光伏逆变器及其升压站内主要涉网设备参数、有功与无功控制系统技术资料、并网检测报告等。风电场、光伏发电站应完成风电机组、光伏逆变器及配套静止无功发生器（SVG）、静态无功补偿装置（SVC）的参数测试试验、一次调频试验、AGC 投入试验、AVC 投入试验，并向调控机构提供相关试验报告。”

2）《二十五项重点要求》原文表述为“5.2.7 风电场应向相应调度部门提供电网计算分析所需的主设备（发电机、变压器等）参数、二次设备（电流互感器、电压互感器）参数及保护装置技术资料及无功补偿装置技术资料等。风电场应经静态及动态试验验证，定

值整定正确，并向调度部门提供整定调试报告。”

3）分析说明：《十八项反措》要求的需提供资料增加且更为明确，因此，参考电网企业要求，按照《十八项反措》要求执行。

（3）关于发电机组进相运行管理的要求中关于保护配合的问题的要求。

1）《十八项反措》原文表述为“3.1.3.5.2 并网发电机组的低励限制辅助环节功能参数应按照电网运行的要求进行整定和试验，与电压控制主环合理配合，确保在低励限制动作后发电机组稳定运行。”

2）《二十五项重点要求》原文表述为“5.1.16.3 低励限制定值应考虑发电机电压影响并与发电机失磁保护相配合，应在发电机失磁保护之前动作。应结合机组检修定期检查限制动作定值。”

3）分析说明：《十八项反措》在低励限制功能的整定以及功能要求上，较《二十五项重点要求》更为严格，要求在限制保护动作后机组稳定运行，而《二十五项重点要求》只要求保护动作的先后，对后续机组稳定运行与否没有作要求，因此《十八项反措》要求更为严格，参考电网企业要求。

（4）关于新建及改扩建风电场、光伏发电站设备选型的要求。

1）《十八项反措》原文表述为“3.2.1.1 新建及改扩建风电场、光伏发电站设备选型时，性能指标必须满足 GB/T 19963、GB/T 19964 标准要求，至少包括：高电压穿越能力和低电压穿越能力、有功和无功功率控制能力、频率适应能力、电能质量要求。风电场、光伏发电站及其无功补偿设备的高电压穿越能力、频率穿越能力应参照同步发电机组的能力，事故情况下不应先于同步发电机组脱网。”

2）《二十五项重点要求》原文表述为“5.2.1 新建风电机组必须满足《风电场接入电力系统技术规定》（GB/T 19963—2011）等相关技术标准要求，并通过国家有关部门授权的有资质的检测机构的并网检测，不符合要求的不予并网。

5.2.4 风电机组应具有规程规定的低电压穿越能力和必要的高电压耐受能力。

5.2.10 风电场无功动态调整的响应速度应与风电机组高电压耐受能力相匹配，确保在调节过程中风电机组不因高电压而脱网。”

3）分析说明：《十八项反措》在频率穿越和高电压穿越两个方面均作了明确的要求，《二十五项重点要求》只在高电压穿越方面作了要求，因此在实际执行方面，要参照电网企业要求。

5.《十八项反措》与《二十五项重点要求》中均有要求，但要求的具体标准不一致

此种情况涉及的要求有 4 项，具体内容为：①关于发电机组配置 PSS 的要求；②关于发电机进相运行能力的要求；③关于励磁系统强励电压倍数的要求；④关于并网机组的多种保护的要求。

涉及此情况的差异属于《十八项反措》与《二十五项重点要求》中对于同一问题的要求，属于同一维度，但要求的具体标准不一致，两者相比较后必然存在一方标准更严格的情况。两者要求不属于包含关系，属于重叠情况，一般经常存在于涉及试验的要求中。实际执行时，参考电网企业要求，建议从严执行，选择两者中要求更为严格的标准执行。

重点内容说明：

（1）关于发电机组配置 PSS 的要求。

1）《十八项反措》原文表述为“3.1.1.3 100MW 及以上容量的核电机组、火力发电机组和燃气发电机组、40MW 及以上容量的水轮发电机组，或接入 220kV 电压等级及以上的同步发电机组应配置 PSS。”

2）《二十五项重点要求》原文表述为“5.1.3 根据电网安全稳定运行的需要，200MW 及以上容量的火力发电机组和 50MW 及以上容量的水轮发电机组，或接入 220kV 电压等级及以上的同步发电机组应配置电力系统稳定器。”

3）分析说明：两者分歧在容量；电网企业的要求更加严格；参考电网企业要求，按照《十八项反措》要求执行。

（2）关于发电机进相运行能力的要求。

1）《十八项反措》原文表述为“3.1.1.4 发电机应具备进相运行能力。100MW 及以上容量的核电机组、火力发电机组和燃气发电机组、40MW 及以上容量的水轮发电机组，或接入 220kV 电压等级及以上的同步发电机组，发电机有功额定工况下功率因数应能达到超前 0.95～0.97。”

2）《二十五项重点要求》原文表述为“5.1.4 发电机应具备进相运行能力。100MW 及以上火电机组在额定出力时，功率因数应能达到－0.97～－0.95。励磁系统应采用可以在线调整低励限制的微机励磁装置。”

3）分析说明：电网企业的要求对于不同机组均作了明确要求，因此对于功率因数要求应按照《十八项反措》要求执行。而对于励磁系统的装置要求，应该参照《二十五项重点要求》的要求，采用可以在线调整低励限制的微机励磁装置。

（3）关于“励磁系统强励电压倍数”的要求。

1）《十八项反措》中原文表述为“3.1.1.3.2 交流励磁机励磁系统顶值电压倍数不低于 2 倍，自并励静止励磁系统顶值电压倍数在发电机额定电压时不低于 2.25 倍，强励电流倍数等于 2 时，允许持续强励时间不低于 10s。”

2）《二十五项重点要求》原文表述为“5.1.7.2 励磁系统强励电压倍数一般为 2 倍，强励电流倍数等于 2，允许持续强励时间不低于 10s。”

3）分析说明：电网企业的要求是一个最小限值的要求，比《二十五项重点要求》要求更加细致，更加符合电网对电厂励磁系统高要求的初心。因此，要按照《十八项反措》要求执行。

第四节 “防止电气误操作事故”章节差异性解读

一、整体性对比

《十八项反措》第 4 章“防止电气误操作事故”对应《二十五项重点要求》第 3 章“防止电气误操作事故”。《十八项反措》第 4 章“防止电气误操作事故”共包含 23 条具体条款，《二十五项重点要求》第 3 章“防止电气误操作事故”共包含 13 条具体条款。《十八项反措》与《二十五项重点要求》两者一致的要求有8项，存在差异性的要求有16项。

二、分条款对比分析

（一）两者要求一致的条款

《十八项反措》与《二十五项重点要求》两者一致的要求有8项，具体内容为：①对防误装置使用的电源的要求；②对防误闭锁装置应与相应主设备同时投运的要求；③对操作票、工作票制度执行的要求；④对严格执行操作指令的要求；⑤对防误闭锁装置管理和退出运行时的要求；⑥对定期组织防误装置技术培训的要求；⑦对电气闭锁回路的要求；⑧对组合电器、开关柜防误闭锁装置的要求。

上述情况属于《十八项反措》与《二十五项重点要求》两者要求基本一致、表述稍有差别的条款，执行两者要求任何之一均可，考虑到《十八项反措》与电网公司实际生产情况更契合，实际执行时，建议按照《十八项反措》要求即可。

（二）两者存在差异性的条款

《十八项反措》与《二十五项重点要求》两者存在差异性的要求有16项，分为下列三种情况。

1.《十八项反措》与《二十五项重点要求》中均有要求，但《十八项反措》要求更全面

此种情况涉及的要求有2项，具体内容为：①关于切实落实防误操作工作责任制的要求；②关于计算机监控系统实现防误闭锁功能时的要求。

涉及此情况的差异属于《十八项反措》中对于同一问题的要求，相比较《二十五项重点要求》更全面、更细致精确，范围更广的条款，两者要求属于包含关系，与电网公司实际生产情况中的部分情况更匹配。实际执行时，参考电网企业要求，建议按照《十八项反措》要求执行。

重点内容说明：

关于切实落实防误操作工作责任制的要求。

1）《十八项反措》原文表述为原文表述为“4.1.1 切实落实防误操作工作责任制，各单位应设专人负责防误装置的运行、维护、检修、管理工作。定期开展防误闭锁装置专项隐患排查，分析防误操作工作存在的问题，及时消除缺陷和隐患，确保其正常运行。”

2）《二十五项重点要求》原文表述为“3.3 应制定和完善防误装置的运行规程及检修规程，加强防误闭锁装置的运行、维护管理，确保防误闭锁装置正常运行。”

3）分析说明：《十八项反措》相对于《二十五项重点要求》在对切实落实防误工作责任制的要求中提出“各单位应设专人负责防误装置的运行、维护、检修、管理工作。定期开展防误闭锁装置专项隐患排查，分析防误操作工作存在的问题，及时消除缺陷和隐患，确保其正常运行”，是对防误装置管理责任的细化细分，对防误装置管理有着明确的指导作用，有效提高防误装置运维管理水平，与电网公司实际生产情况中的部分情况更匹配。而在对计算机监控系统防误闭锁功能的要求上，对防误判别方面提出了更细致的要求，《十八项反措》中要求标准更高，由于《十八项反措》内容较新，实际执行时，按照《十

八项反措》要求执行。

2.《十八项反措》中有要求，但《二十五项重点要求》中无要求

此种情况涉及的要求有11项，具体内容为：①关于禁止擅自开启直接封闭带电部分的高压配电设备的要求；②对智能站二次设备的倒闸操作和设备管理等要求；③对防误装置选用的要求；④对高压电气设备安装防误装置闭锁的要求；⑤对调控中心、运维中心、变电站各层级操作的要求；⑥新投运的防误装置主机的要求；⑦防误装置（系统）的要求；⑧防误装置因缺陷不能及时消除时的要求；⑨高压开关柜内手车开关拉出后，对隔离带电部位的挡板的要求；⑩对固定接地桩、接地线的挂拆状态的要求；⑪对顺控操作（程序化操作）的要求。

涉及此情况的差异大部分属于电网企业结合自身生产工作现状及近年来的现场案例总结提炼，且基本内容较新，均为2012版《十八项反措》基础上的新增条款，在《二十五项重点要求》中未提及该部分内容。实际执行时，参考电网企业要求，建议按照《十八项反措》要求执行。

重点内容说明：

(1) 关于智能站二次设备的倒闸操作和设备管理的要求。

1)《十八项反措》原文表述为“4.1.8 对继电保护、安全自动装置等二次设备操作，应制订正确操作方法和防误操作措施。智能变电站保护装置投退应严格遵循规定的投退顺序。”

2)《二十五项重点要求》原文未提及。

3) 分析说明：随着智能站的发展和投运，智能站二次设备误操作事故时有发生，如220kV墨竹工卡变电站误操作事故等，问题主要集中在智能站二次设备软压板的投退顺序上，因此在《十八项反措》中专门对智能站二次设备装置投退作了专项的规定和说明。实际执行时，参考电网企业要求，应按照《十八项反措》要求执行。

(2) 关于顺控操作（程序化操作）的要求。

1)《十八项反措》原文表述为“4.2.12 顺控操作（程序化操作）应具备完善的防误闭锁功能，模拟预演和指令执行过程中应采用监控主机内置防误逻辑和独立智能防误主机双校核机制，且两套系统宜采用不同厂家配置。顺控操作因故停止，转常规倒闸操作时，仍应有完善的防误闭锁功能。”

2)《二十五项重点要求》原文未提及。

3) 分析说明：《十八项反措》对变电站顺控操作这个正在处于全面推广使用期的技术作了专门的规定和要求，属于电网企业结合自身生产工作现状提出的新增条款。实际执行时，参考电网企业要求，应按照《十八项反措》要求执行。

3.《二十五项重点要求》中有要求，但《十八项反措》中无要求

此种情况涉及的要求有3项，具体内容为：①关于对已投产尚未装设防误闭锁装置的发、变电设备的要求；②关于同一集控站范围内应选用微机防误系统的要求；③对安全工器具和安全防护用具配置的要求。

涉及此情况的差异主要是电网企业已将相关要求在其他规范标准中体现，并在每章节概述中说明，已无需在《十八项反措》中重点强调，或结合实际生产情况，统一标准后在

《十八项反措》中删除该条款。针对《二十五项重点要求》中有要求，但在《十八项反措》中未提及的内容，实际执行时，建议参考电网企业要求，查阅相关规范标准，结合《二十五项重点要求》内容，综合分析具体情况后确定执行意见。

重点内容说明：

（1）关于对已投产尚未装设防误闭锁装置的发、变电设备的要求；关于同一集控站范围内应选用微机防误系统的要求。

1）《十八项反措》原文未提及。

2）《二十五项重点要求》原文表述为“3.7 对已投产尚未装设防误闭锁装置的发、变电设备，要制订切实可行的防范措施和整改计划，必须尽快装设防误闭锁装置。”

“3.9 同一集控站范围内应选用同一类型的微机防误系统，以保证集控主站和受控子站之间的‘五防’信息能够互联互通、‘五防’功能相互配合。”

3）分析说明：《二十五项重点要求》“对已投产尚未装设防误闭锁装置的发、变电设备，要制订切实可行的防范措施和整改计划，必须尽快装设防误闭锁装置”“同一集控站范围内应选用同一类型的微机防误系统，以保证集控主站和受控子站之间的‘五防’信息能够互联互通、‘五防’功能相互配合”的规定，国家电网有限公司《防止电气误操作安全管理规定》（国家电网安监〔2018〕1119号）要求中已经作了明确规定且已做到全覆盖，无需在《十八项反措》中重点强调。

（2）关于“对安全工作器具和安全防护用具配置”的要求。

1）《十八项反措》原文未提及。

2）《二十五项重点要求》原文表述为“3.12 应配备充足的经国家认证认可的质检机构检测合格的安全工作器具和安全防护用具。为防止误登室外带电设备，宜采用全封闭（包括网状等）的检修临时围栏。”

3）分析说明：《二十五项重点要求》中对安全工作器具和安全防护用具配置的要求，在《国家电网公司电力安全工器具管理规定》中已经作了相关要求，无需在《十八项反措》中再次强调。

第五节 “防止变电站全停及重要客户停电事故”章节差异性解读

一、整体对比分析

《十八项反措》第5章“防止变电站全停及重要客户停电事故”对应《二十五项重点要求》第22章“防止发电厂、变电站全停及重要客户停电事故”。《十八项反措》第5章“防止变电站全停及重要客户停电事故”共包含84条具体条款，《二十五项重点要求》第22章“防止发电厂、变电站全停及重要客户停电事故”共包含77条具体条款。《十八项反措》与《二十五项重点要求》两者一致的要求有10项，存在差异性的要求有78项。

二、分条款对比分析

（一）两者要求一致的条款

《十八项反措》与《二十五项重点要求》两者一致的要求有10项，具体内容为：①关于双母线接线方式变电站母线停电管理的要求；②关于带电水冲洗的要求；③关于箱体内交、直流接线的要求；④关于蓄电池运行后核对性放电的要求；⑤关于临时性重要电力客户供电条件的要求；⑥关于对重要客户设备巡视周期、设备状态检修周期的要求；⑦关于对重要客户自备应急电源的要求；⑧关于直流电源系统配置方式的要求；⑨关于交流窜入直流故障告警的要求；⑩关于对于防止交流窜入直流措施的要求。

上述情况属于《十八项反措》与《二十五项重点要求》两者要求基本一致、表述稍有差别的条款，执行两者要求任何之一均可，考虑到《十八项反措》与电网公司实际生产情况更契合，实际执行时，建议按照《十八项反措》要求即可。

（二）两者存在差异性的条款

《十八项反措》与《二十五项重点要求》两者存在差异性的要求有78项，分为下列四种情况。

1.《十八项反措》与《二十五项重点要求》中均有要求，但《十八项反措》要求更全面

此种情况涉及的要求有9项，具体内容为：①关于设备选型的要求；②关于变电站短路容量核算的要求；③关于直流系统馈出线的要求；④关于蓄电池投运前核对性放电的要求；⑤关于直流系统断路器的要求；⑥关于对重要电力客户供电电源的切换时间和切换方式的要求；⑦关于对运行规范、检修规范、反事故措施的要求；⑧关于对重要客户自备应急电源安全方面的要求；⑨关于对重要用户整改安全隐患的要求。

涉及此情况的差异属于《十八项反措》中对于同一问题的要求，相比较《二十五项重点要求》更全面、更细致精确，范围更广的条款，两者要求属于包含关系，与电网公司实际生产情况中的部分情况更匹配。实际执行时，参考电网企业要求，建议按照《十八项反措》要求执行。

重点内容说明：关于直流系统断路器的要求。

1）《十八项反措》原文表述为“5.3.2.5 直流电源系统除蓄电池组出口保护电器外，应使用直流专用断路器。蓄电池组出口回路宜采用熔断器，也可采用具有选择性保护的直流断路器。”

2）《二十五项重点要求》原文表述为“22.2.3.13 蓄电池组保护用电器，应采用熔断器，不应采用断路器，以保证蓄电池组保护电器与负荷断路器的级差配合要求。

22.2.3.14 除蓄电池组出口总熔断器以外，逐步将现有运行的熔断器更换为直流专用断路器。当负荷直流断路器与蓄电池组出口总熔断器配合时，应考虑动作特性的不同，对级差做适当调整。”

3）分析说明：根据《国家电网直流电源系统技术规范》6.5节，对直流熔断器、刀

开关和直流断路器选型提出了详细要求，内容涵盖了《十八项反措》和《二十五项重点要求》中的要求。两者整体要求一致，《十八项反措》相对于《二十五项重点要求》在蓄电池组出口回路方面提出“宜采用熔断器，也可采用具有选择性保护的直流断路器”，即可选方式更多。《二十五项重点要求》相对于《十八项反措》条款描述更详细。《十八项反措》中要求标准更高，由于《十八项反措》内容较新，实际执行时，按照《十八项反措》要求执行。

2.《十八项反措》中有要求，但《二十五项重点要求》中无要求

此种情况涉及的要求有40项，具体内容为：①关于变电站选址的要求；②关于《十八项反措》场地排水方式的要求；③关于新建220kV及以上电压等级双母分段接线方式的GIS设备投产的要求；④关于《十八项反措》220kV及以上电压等级电缆电源进线敷设的要求；⑤关于基建阶段施工的要求；⑥关于双母线接线方式下母线侧隔离开关检修的要求；⑦关于双母线接线方式下一组母线电压互感器退出运行的要求；⑧关于变电站内及周围异物的要求；⑨关于变压器类设备消防装置运行的要求；⑩关于变电站防汛的要求；⑪关于设计阶段直流系统级差的要求；⑫关于300Ah及以上的阀控式蓄电池组的要求；⑬关于蓄电池正负极电缆的要求；⑭关于酸性蓄电池室配套设施的要求；⑮关于充电装置配置的要求；⑯关于采用交直流双电源供电的设备防交流窜入的要求；⑰关于试验电源屏交直流电源的要求；⑱关于通信电源配置的要求；⑲关于直流断路器不能满足上、下级保护配合要求时的要求；⑳关于直流高频模块和通信电源模块进线的要求；㉑关于交直流回路的要求；㉒关于直流回路隔离电器应装有辅助触点的要求；㉓关于直流系统运行阶段整体原则的要求；㉔关于通信设备、自动化设备、防误主机交流电源的要求；㉕关于站用电电源数量的要求；㉖关于备用站用变压器应能自动切换至失电的工作母线段的要求；㉗关于低压交流备自投闭锁的要求；㉘关于低压交流备自投闭锁的要求；㉙关于站用电电缆敷设的要求；㉚关于干式变布置的要求；㉛关于低压脱扣装置的要求；㉜关于不间断电源装置的要求；㉝关于站用交流电系统进线端的要求；㉞关于交流配电屏进线缺相自投试验的要求；㉟关于站用交流电源系统的母线安装在一个柜架单元内情形的要求；㊱关于电源环路中应设置明显断开点的要求；㊲关于供电企业对重要客户业扩工程的要求；㊳关于重要客户的自备应急电源建设投运的要求；㊴关于重要电力用户外部应急电源的要求；㊵关于对重要电力客户设备试验的要求。

涉及此情况的差异大部分属于电网企业结合自身生产工作现状及近年来的现场案例总结提炼，且基本内容较新，均为2012版《十八项反措》基础上的新增条款，在《二十五项重点要求》中未提及该部分内容。实际执行时，参考电网企业要求，建议按照《十八项反措》要求执行。

3.《二十五项重点要求》中有要求，但《十八项反措》中无要求

此种情况涉及的要求有13项，具体内容为：①关于省级主电网枢纽变电站在非过渡阶段输电通道的要求；②关于枢纽变电站接线方式的要求；③关于330kV及以上变电站和地下220kV变电站的备用站用电源的要求；④关于保护配置原则的要求；⑤关于电流互感器二次绕组分配的要求；⑥关于继电保护及安全自动装置选用的要求；⑦关于防止污闪造成的变电站和发电厂升压站全停的要求；⑧关于技术规范执行情况的要求；⑨关于直

流系统蓄电池容量配置的要求；⑩关于绝缘监测装置的要求；⑪关于站用电屏设备订货的要求；⑫关于对重要客户反事故预案、反事故演习、联合演习的要求；⑬关于对用户责任的安全隐患的要求。

涉及此情况的差异主要包括两部分：一部分是目前已与电网企业关系不够密切，重点要求集中涉及发电企业的相关要求；另一部分是电网企业已将相关要求在其他规范标准中体现，并在每章节概述中说明，已无需在《十八项反措》中重点强调，或结合实际生产情况，统一标准后在《十八项反措》中删除该条款。针对《二十五项重点要求》中有要求，但在《十八项反措》中未提及的内容，实际执行时，建议参考电网企业要求，查阅相关规范标准，结合《二十五项重点要求》内容，综合分析具体情况后确定执行意见。

4.《十八项反措》与《二十五项重点要求》中均有要求，但侧重点不同

此种情况涉及的要求有16项，具体内容为：①关于绝缘子运行管理的要求；②关于直流系统蓄电池接线方式和切换的要求；③关于级差配合试验的要求；④关于直流系统电缆选型和铺设的要求；⑤关于直流系统运行和接地故障处置的要求；⑥关于交流系统断路器级差配置的要求；⑦关于站用电系统定值的要求；⑧关于供电企业重要客户入网管理制度的要求；⑨关于对非线性、不对称负荷性质的重要客户的要求；⑩关于对与重要用户签订供用电协议的要求；⑪关于对特级用户电源数量的要求；⑫关于对一级重要电力客户供电方式的要求；⑬关于对二级重要电力客户供电方式的要求；⑭关于对重要客户应急电源的要求；⑮关于对自备应急电源的要求；⑯关于对检查重要电力客户供电情况的要求。

涉及此情况的差异大部分属于同一类型下或同一情况不同方面的要求，此时两者虽面向的对象分类相同，但表述时侧重点不同，且要求内容不互为包含关系，两者相互补充，综合两者而言，提出了更全面的要求。实际执行时，原则上均需遵照执行，参考电网企业要求，同时按照《十八项反措》及《二十五项重点要求》要求执行。

重点内容说明：

（1）关于绝缘子运行管理的要求。

1）《十八项反措》原文表述为“5.1.3.5 定期检查避雷针、支柱绝缘子、悬垂绝缘子、耐张绝缘子、设备架构、隔离开关基础、GIS母线筒位移与沉降情况以及母线绝缘子串锁紧销的连接，对管母线支柱绝缘子进行探伤检测及有无弯曲变形检查。”

2）《二十五项重点要求》原文表述为“22.2.5.4 隔离开关和硬母线支柱绝缘子，应选用高强度支柱绝缘子，定期对枢纽变电站、发电厂升压站支柱绝缘子，特别是母线支柱绝缘子、隔离开关支柱绝缘子进行检查，防止绝缘子断裂引起母线事故。”

3）分析说明：两者均对绝缘子运行管理提出了要求。《十八项反措》对绝缘子运维管理要求更细，但对支柱绝缘子选型无明确要求，《二十五项重点要求》对绝缘子运维管理要求的细致程度不及《十八项反措》，但是对绝缘子选型提出了要求。两者侧重点不同，不互为包含，相互补充，均需遵照执行。实际执行时，参考电网企业要求，按照《十八项反措》《二十五项重点要求》要求执行。

（2）关于直流系统蓄电池接线方式和切换的要求。

1）《十八项反措》原文表述为“5.3.1.2 两组蓄电池的直流电源系统，其接线方式应满足切换操作时直流母线始终连接蓄电池运行的要求。”

“5.3.3.5 站用直流电源系统运行时，禁止蓄电池组脱离直流母线。”

2）《二十五项重点要求》原文表述为“22.2.3.17 两组蓄电池组的直流系统，应满足在运行中两段母线切换时不中断供电的要求，切换过程中允许两组蓄电池短时并联运行……”

3）分析说明：两者相差在于《十八项反措》明确了“禁止蓄电池组脱离直流母线”运行。《二十五项重点要求》提出“切换过程中允许两组蓄电池短时并联运行”，其实质是一致的。两者相互补充，均需遵照执行。实际执行时，参考电网企业要求，按照《十八项反措》《二十五项重点要求》要求执行。

（3）关于直流系统电缆选型和铺设的要求。

1）《十八项反措》原文表述为“5.3.2.4 直流电源系统应采用阻燃电缆。两组及以上蓄电池组电缆，应分别铺设在各自独立的通道内，并尽量沿最短路径敷设。在穿越电缆竖井时，两组蓄电池电缆应分别加穿金属套管。对不满足要求的运行变电站，应采取防火隔离措施。”

2）《二十五项重点要求》原文表述为“22.2.3.15 直流系统的电缆应采用阻燃电缆，两组蓄电池的电缆应分别铺设在各自独立的通道内，尽量避免与交流电缆并排铺设，在穿越电缆竖井时，两组蓄电池电缆应加穿金属套管。”

3）分析说明：国内发电厂直流电源回路电缆都是采用耐火电缆，这是为了保证在外部着火的情况下，直流电缆能够维持一定时间的直流电源供电；而电网系统的变电站等直流电源回路电缆则是采用阻燃电缆。根据现行国家标准《电力工程电缆设计规范》（GB 50217—2018）的有关规定，当采用阻燃电缆时，需要采取耐火防护措施。该规范中8.1.10条款规定：“蓄电池组的电缆引出线应采用穿管敷设，且穿管引出端应靠近蓄电池的引出端。穿金属管外围应涂防酸（碱）泊漆，封口处应用防酸（碱）材料封堵。电缆弯曲半径应符合电缆敷设要求，电缆穿管露出地面的高度可低于蓄电池的引出端子200～300mm。”两者整体要求一致，《十八项反措》要求尽量沿最短路径敷设，应分别铺设在各自独立的通道内，而《二十五项重点要求》要求尽量避免与交流电缆并排铺设。《十八项反措》要求更高，实际执行时，按照《十八项反措》要求执行。

（4）关于站用电系统定值的要求。

1）《十八项反措》原文表述为“5.2.3.2 站用交流电源系统的进线断路器、分段断路器、备自投装置及脱扣装置应纳入定值管理。”

2）《二十五项重点要求》原文表述为“22.2.4.3 对于新安装、改造的站用电系统，高压侧有继电保护装置的，应加强对站用变压器高压侧保护装置定值整定，避免站用变压器高压侧保护装置定值与站用电屏断路器自身保护定值不匹配，导致越级跳闸事件。

22.2.4.4 加强站用电高压侧保护装置、站用电屏总路和馈线空气开关保护功能校验，确保短路、过载、接地故障时，各级空气开关能正确动作，以防止站用电故障越级动作，确保站用电系统的稳定运行。”

3）分析说明：《二十五项重点要求》侧重于站用变高低压侧定值管理的要求，而《十八项反措》侧重于站用变低压侧定值要求。两者侧重点不同，不互为包含，均需遵照执行。实际执行时，参考电网企业要求，按照《十八项反措》《二十五项重点要求》要求执行。

第六节 “防止输电线路事故”章节差异性解读

一、整体性对比

《十八项反措》第6章“防止输电线路事故”对应《二十五项重点要求》第15章“防止输电线路事故”。《十八项反措》第6章“防止输电线路事故”共包含75条具体条款，《二十五项重点要求》第15章“防止输电线路事故”共包含51条具体条款。《十八项反措》与《二十五项重点要求》两者一致的要求有17项，存在差异性的要求有63项。

二、分条款对比分析

（一）两者要求一致的条款

《十八项反措》与《二十五项重点要求》两者一致的要求有17项，具体内容为：①关于防止倒塔事故中铁塔基础的检查和维护的要求；②关于防止断线事故中导地线安装保护措施的要求；③关于关于防止断线事故中导地线选型的要求；④关于大跨越段线路的运行管理的要求；⑤关于防止断线事故中导地线运行的要求；⑥关于金具及导地线红外检测的要求；⑦关于导地线悬垂线夹运维的要求；⑧关于绝缘子锁紧销运维的要求；⑨关于风偏故障后设备巡视维护的要求；⑩关于更换悬垂绝缘子串后运维的要求；⑪关于输电线路防覆冰、防舞动的运维要求；⑫关于输电线路防舞治理运维工作的要求；⑬关于输电线路覆冰季节前运维工作的要求；⑭关于输电线路覆冰融冰后设备运维的要求；⑮关于新建线路设计防外力破坏的要求；⑯关于防外力破坏警示措施的要求；⑰关于输电线路防外力碰撞的要求。

上述情况属于《十八项反措》与《二十五项重点要求》两者要求基本一致、表述稍有差别的条款，执行两者要求任何之一均可，考虑到《十八项反措》与电网公司实际生产情况更契合，实际执行时，建议按照《十八项反措》要求即可。

重点内容说明：

（1）关于防止断线事故中导地线选型的要求。

1）《十八项反措》原文表述为“6.2.1.2 架空地线复合光缆（OPGW）外层线股110kV及以下线路应选取单丝直径2.8mm及以上的铝包钢线；220kV及以上线路应选取单丝直径3.0mm及以上的铝包钢线，并严格控制施工工艺。”

2）《二十五项重点要求》原文表述为“15.2.2 架空地线复合光缆（OPGW）外层线股110kV及以下线路应选取单丝直径2.8mm及以上的铝包钢线；220kV及以上线路应选取单丝直径3.0mm及以上的铝包钢线，并严格控制施工工艺。”

3）分析说明：两者对于导地线选型的要求一致，实际执行时，按照《十八项反措》要求执行。

（2）关于输电线路防覆冰、防舞动的运维要求。

1）《十八项反措》原文表述为“6.5.2.1 加强导地线覆冰、舞动的观测，对覆冰及易舞动区，安装在线监测装置及设立观冰站（点），加强沿线气象环境资料的调研收集，及时修订冰区分布图和舞动区域分布图。”

2）《二十五项重点要求》原文表述为“15.5.5 应加强沿线气象环境资料的调研收集，加强导地线覆冰、舞动的观测，对覆冰及舞动易发区段，安装覆冰、舞动在线监测装置，全面掌握特殊地形、特殊气候区域的资料，充分考虑特殊地形、气象条件的影响，合理绘制舞动区分布图及冰区分布图，为预防和治理线路冰害提供依据。”

3）分析说明：两者对于输电线路防覆冰、防舞动的运维的要求一致，实际执行时，按照《十八项反措》要求执行。

（3）关于输电线路防外力碰撞的要求。

1）《十八项反措》原文表述为“6.7.2.5 对易遭外力碰撞的线路杆塔，应设置防撞墩（墙）、并涂刷醒目标志漆。”

2）《二十五项重点要求》原文表述为“15.7.7 易遭外力碰撞的线路杆塔，应设置防撞墩、并涂刷醒目标志漆、粘贴防撞贴等。”

3）分析说明：两者对于输电线路防外力碰撞的要求一致，实际执行时，按照《十八项反措》要求执行。

（二）两者存在差异性的条款

《十八项反措》与《二十五项重点要求》两者存在差异性的要求有63项，分为下列四种情况。

1.《十八项反措》与《二十五项重点要求》中均有要求，但《十八项反措》要求更全面

此种情况涉及的要求有21项，具体内容为：①关于输电线路经过不良地质灾害区设计的要求；②关于易发生水土流失、山洪冲刷等地段的杆塔运维的要求；③关于事故抢修塔储备、使用的要求；④关于输电线路遭遇恶劣天气后开展线路特巡的要求；⑤关于拉线塔的保护和维修的要求；⑥关于大风频发区域连接金具选型的要求；⑦关于复合绝缘子运维的要求；⑧关于重要跨越悬垂绝缘子串设计的要求；⑨关于防风偏运维设计的要求；⑩关于绝缘子防风偏运维要求；⑪关于沿海台风地区防风偏运维的要求；⑫关于防风偏通道构筑物的要求；⑬关于防覆冰、舞动的运维设计要求；⑭关于防覆冰、舞动的运维设计要求；⑮关于输电设计冰厚取值的要求；⑯关于线路发生覆冰、舞动后运维的要求；⑰关于鸟害闪络事故的要求；⑱关于鸟害多发区安装防鸟装置的要求；⑲关于涉鸟隐患鸟巢拆除的要求；⑳关于线路跨越森林等应采取高跨设计的要求；㉑关于线路通道防护的要求。

涉及此情况的差异属于《十八项反措》中对于同一问题的要求，相比较《二十五项重点要求》更全面、更细致精确，范围更广的条款，两者要求属于包含关系，与电网公司实际生产情况中的部分情况更匹配。实际执行时，参考电网企业要求，建议按照《十八项反措》要求执行。

重点内容说明：

（1）关于输电线路经过不良地质灾害区设计的要求。

1）《十八项反措》原文表述为“6.1.1.2 线路设计时应避让可能引起杆塔倾斜和沉降

的崩塌、滑坡、泥石流、岩溶塌陷、地裂缝等不良地质灾害区。

6.1.1.3 线路设计时宜避让采动影响区，无法避让时，应进行稳定性评价，合理选择架设方案及基础型式，宜采用单回路或单极架设，必要时加装在线监测装置。”

2）《二十五项重点要求》原文表述为“15.1.2 线路设计时应预防不良地质条件引起的倒塔事故，应避让可能引起杆塔倾斜、沉陷、不均匀沉降的矿场采空区及岩溶、滑坡、泥石流等不良地质区；不能避让的线路，应进行稳定性评估，并根据评估结果采取地基处理（如灌浆）、合理的杆塔和基础型式（如大板基础）、加长地脚螺栓等预防塌陷措施。”

3）分析说明：两者相差在于《十八项反措》根据实际情况，对不良地质条件区进行分类处理，明确崩塌、滑坡、泥石流、岩溶塌陷、地裂缝等不良地质灾害区应采取避让设计。实际执行时，参考电网企业要求，按照《十八项反措》要求执行。

（2）关于绝缘子防风偏运维要求。

1）《十八项反措》原文表述为“6.4.1.2 330～750kV 架空线路 40°以上转角塔的外角侧跳线串应使用双串绝缘子，并加装重锤等防风偏措施；15° 以内的转角内外侧均应加装跳线绝缘子串（包括重锤）。”

2）《二十五项重点要求》原文表述为“15.4.2 500kV 及以上架空线路 45°及以上转角塔的外角侧跳线串宜使用双串绝缘子并可加装重锤；15°以内的转角塔内外侧均应加装跳线绝缘子串；15°及以上、45°以内的转角塔的外角侧应加装一串或双串跳线绝缘子。对于部分微地形微气象地区，转角塔外角侧可采用硬跳线方式。”

3）分析说明：两者相差在于《十八项反措》根据《国网基建部关于加强新建输变电工程防污闪等设计工作的通知》（基建技术〔2014〕10 号）规定的通用设计铁塔角度划分的要求，统一表述。实际执行时，参考电网企业要求，按照《十八项反措》要求执行。

（3）关于线路发生覆冰、舞动后运维的要求。

1）《十八项反措》原文表述为“6.5.2.6 线路发生覆冰、舞动后，应根据实际情况安排停电检修，对线路覆冰、舞动重点区段的杆塔螺栓松动、导地线线夹出口处、绝缘子锁紧销及相关金具进行检查和消缺；及时校核和调整因覆冰、舞动造成的导地线滑移引起的弧垂变化缺陷。”

2）《二十五项重点要求》原文表述为“15.5.10 线路发生覆冰、舞动后，应根据实际情况安排停电检修，对线路覆冰、舞动重点区段的导地线线夹出口处、绝缘子锁紧销及相关金具进行检查和消缺；及时校核和调整因覆冰、舞动造成的导地线滑移引起的弧垂变化缺陷。”

3）分析说明：两者相差在于《十八项反措》依据线路运行数据和经验修改。螺栓松动是舞动造成的主要破坏之一，应增加舞动后杆塔螺栓松动检查，使得检查内容更加全面。实际执行时，参考电网企业要求，按照《十八项反措》要求执行。

2.《十八项反措》中有要求，但《二十五项重点要求》中无要求

此种情况涉及的要求有 30 项，具体内容为：①关于高寒地区线路设计的要求；②关于需要采取防风固沙措施的移动或半移动沙丘等区域的杆塔运维的要求；③关于特高压密集通道开展多回同跳风险评估运维的要求；④关于铁塔组立施工验收的要求；⑤关于山区线路余土处理的要求；⑥关于 500kV（330kV）和 750kV 线路的悬垂复合绝缘子串设计的

要求；⑦关于棒形复合绝缘子运维的要求；⑧关于耐张绝缘子串倒挂运维的要求；⑨关于瓷绝缘子的检测的要求；⑩关于重冰区和易舞动区内线路的瓷绝缘子串或玻璃绝缘子串运维的要求；⑪关于输电线路防山火设计的要求；⑫关于输电线路“三跨”路径选择的要求；⑬关于输电线路“三跨”路径跨越角度选择的要求；⑭关于输电线路“三跨”跨越挡距和高差的要求；⑮关于输电线路“三跨”防舞动的要求；⑯关于输电线路“三跨”杆塔结构系数的要求；⑰关于输电线路“三跨”覆冰设计的要求；⑱关于输电线路“三跨”易舞动区防舞装置的要求；⑲关于输电线路“三跨”悬垂绝缘子串设计的要求；⑳关于输电线路“三跨”防振锤设计的要求；㉑关于输电线路“三跨”通道可视化及故障测距的要求；㉒关于输电线路“三跨”地线设计的要求；㉓关于输电线路“三跨”档内接头的要求；㉔关于输电线路“三跨”金具压接质量的要求；㉕关于输电线路“三跨”耐张段的要求；㉖关于输电线路跨越高铁杆塔结构系数的要求；㉗关于输电线路跨越高铁杆塔结构系数校核的要求；㉘关于输电线路“三跨”耐张线夹X光透视的要求；㉙关于输电线路“三跨”红外测温和弧垂测量的要求；㉚关于输电线路退运“三跨”区段运维的要求。

涉及此情况的差异大部分属于电网企业结合自身生产工作现状及近年来的现场案例总结提炼，且基本内容较新，均为2012版《十八项反措》基础上的新增条款，在《二十五项重点要求》中未提及该部分内容。实际执行时，参考电网企业要求，建议按照《十八项反措》要求执行。

重点内容说明：

（1）关于重冰区和易舞动区内线路的瓷绝缘子串或玻璃绝缘子串运维的要求。

1）《十八项反措》原文表述为“6.5.1.3 重冰区和易舞动区内线路的瓷绝缘子串或玻璃绝缘子串的联间距宜适当增加，必要时可采用联间支撑间隔棒。”

2）《二十五项重点要求》中无此表述。

3）分析说明：该条为《十八项反措》新增条款。根据《关于印发跨区输电线路重大反事故措施（试行）的通知》（国家电网生〔2012〕572号）的要求，提升多联绝缘子串抵抗大风及舞动灾害的能力，重冰区和易舞动区内线路的瓷或玻璃绝缘子串的联间距宜适当增加，必要时可采用联间支撑间隔棒。《二十五项重点要求》中未提及该部分内容，实际执行时，参考电网企业要求，按照《十八项反措》要求执行。

（2）关于输电线路“三跨”路径选择的要求。

1）《十八项反措》原文表述为“6.8.1.1 线路路径选择时，宜减少‘三跨’数量，且不宜连续跨越；跨越重要输电通道时，不宜在一档中跨越3条及以上输电线路，且不宜在杆塔顶部跨越。”

2）《二十五项重点要求》中无此表述。

3）分析说明：该条为《十八项反措》新增条款，实际执行时，参考电网企业要求，按照《十八项反措》要求执行。

（3）关于输电线路“三跨”路径跨越角度选择的要求。

1）《十八项反措》原文表述为“6.8.1.2‘三跨’线路与高铁交叉角不宜小于45°，困难情况下不应小于30°，且不应在铁路车站出站信号机以内跨越；与高速公路交叉角一般不应小于45°；与重要输电通道交叉角不宜小于30°。线路改造路径受限时，可按原路径设计。”

2)《二十五项重点要求》中无此表述。

3)分析说明:《二十五项重点要求》中未提及该部分内容，实际执行时，参考电网企业要求，按照《十八项反措》要求执行。

(4)关于输电线路“三跨”红外测温和弧垂测量的要求。

1)《十八项反措》原文表述为“6.8.2.6 在运“三跨”红外测温周期应不超过3个月，当环境温度达到35℃或输送功率超过额定功率的80%时，应开展红外测温和弧垂测量。”

2)《二十五项重点要求》中无此表述。

3)分析说明:因《二十五项重点要求》中无此表述，实际执行时，参考电网企业要求，按照《十八项反措》要求执行。

3.《二十五项重点要求》中有要求，但《十八项反措》中无要求

此种情况涉及的要求有6项，具体内容为:①关于河网、沼泽、鱼塘等区域的杆塔基础选型的要求;②关于架空输电线路在农田、人口密集地区设计的要求;③关于35kV及以上线路杆塔选型的要求;④关于金属件技术监督的要求;⑤关于绝缘子和金具设计的要求;⑥关于涉鸟故障资料调研收集工作的要求。

涉及此情况的差异电网企业已将相关要求在其他规范标准中体现，已无需在《十八项反措》中重点强调，结合目前实际生产情况，统一标准后在《十八项反措》中删除该条款。针对《二十五项重点要求》中有要求，但在《十八项反措》中未提及的内容，实际执行时，建议参考电网企业要求，查阅相关规范标准，结合《二十五项重点要求》内容，综合分析具体情况后确定执行意见。

重点内容说明:

(1)关于河网、沼泽、鱼塘等区域的杆塔基础选型的要求。

1)《十八项反措》无此表述。

2)《二十五项重点要求》原文表述为“15.1.4 对于河网、沼泽、鱼塘等区域的杆塔，应慎重选择基础型式，基础顶面应高于5年一遇洪水位，如有必要应配置基础围堰、防撞和警示设施。”

3)分析说明:因《十八项反措》中未提及该部分内容。实际执行时，参考电网企业要求，按照《二十五项重点要求》要求执行。

(2)关于架空输电线路在农田、人口密集地区设计的要求。

1)《十八项反措》无此表述。

2)《二十五项重点要求》原文表述为“15.1.5 新建110kV(66kV)及以上架空输电线路在农田、人口密集地区不宜采用拉线塔。已使用的拉线塔如果存在盗割、碰撞损伤等风险应按轻重缓急分期分批改造，其中拉V塔不宜连续超过3基，拉门塔等不宜连续超过5基。”

3)分析说明:因《十八项反措》中未提及该部分内容，实际执行时，参考电网企业要求，按照《二十五项重点要求》要求执行。

4.《十八项反措》与《二十五项重点要求》中均有要求，但侧重点不同

此种情况涉及的要求有6项，具体内容为:①关于重要输电线路差异化设计的要求;

②关于输电线路隐蔽工程验收的要求；③关于特殊区段加强在线监测设备的运维的要求；④关于运行线路的重要跨越接头运维的要求；⑤关于输电线路防外破的要求；⑥关于防治输电线路外力破坏运行的要求。

涉及此情况的差异大部分属于同一类型下或同一情况不同方面的要求，此时两者虽面向的对象分类相同，但表述时侧重点不同，且要求内容不互为包含关系，两者相互补充，综合两者而言，提出了更全面的要求。实际执行时，原则上均需遵照执行，参考电网企业要求，同时按照《十八项反措》及《二十五项重点要求》要求执行。

重点内容说明：关于运行线路的重要跨越接头运维的要求。

1）《十八项反措》原文表述为“运行线路的重要跨越［不包括‘三跨’（跨高速铁路、跨高速公路、跨重要输电通道）］档内接头应采用预绞式金具加固。”

2）《二十五项重点要求》原文表述为“15.2.5 重要跨越档内不应有接头；后期形成且尚未及时处理的接头应采用预绞式金具加固。”

3）分析说明：两者相差在于《十八项反措》仅针对不属于“三跨”的重要跨越档内接头，“三跨”区段的档内接头另有明确规定。实际执行时，参考电网企业要求，按照《十八项反措》要求执行。

第七节　“防止输变电设备污闪事故”章节差异性解读

一、整体对比分析

《十八项反措》第7章“防止输变电设备污闪事故”对应《二十五项重点要求》第16章“防止污闪事故”。《十八项反措》第7章“防止输变电设备污闪事故”共包含19条具体条款，《二十五项重点要求》第16章“防止污闪事故”共包含11条具体条款。《十八项反措》与《二十五项重点要求》两者一致的要求有2项，存在差异性的要求有22项。

二、分条款对比分析

（一）两者要求一致的条款

《十八项反措》与《二十五项重点要求》两者一致的要求有2项，具体内容为：①关于覆冰地区外绝缘设计的要求；②关于绝缘子全过程管理的要求。

上述情况属于《十八项反措》与《二十五项重点要求》两者要求基本一致、表述稍有差别的条款，执行两者要求任何之一均可，考虑到《十八项反措》与电网公司实际生产情况更契合，实际执行时，建议按照《十八项反措》要求即可。

（二）两者存在差异性的条款

《十八项反措》与《二十五项重点要求》两者存在差异性的要求有22项，分为下列三种情况。

1.《十八项反措》与《二十五项重点要求》中均有要求，但《十八项反措》要求更全面

此种情况涉及的要求有1项，具体内容为：关于输变电设备的外绝缘配置的要求。

涉及此情况的差异属于《十八项反措》中对于同一问题的要求，相比较《二十五项重点要求》更全面、更细致精确，范围更广的条款，两者要求属于包含关系，与电网公司实际生产情况中的部分情况更匹配。实际执行时，参考电网企业要求，建议按照《十八项反措》要求执行。

2.《十八项反措》中有要求，但《二十五项重点要求》中无要求

此种情况涉及的要求有14项，具体内容为：①关于校核修正绝缘子配置的要求；②关于粉尘污染严重地区绝缘子选取的要求；③关于安装在非密封户内绝缘子的要求；④关于盘型悬式绝缘子的要求；⑤关于瓷或玻璃绝缘子安装前涂覆防污闪涂料的要求；⑥关于开展饱和污秽度测试布点的要求；⑦关于开展污区分布图修订的要求；⑧关于外绝缘配置不满足运行要求的输变电设备治理的要求；⑨关于外绝缘配置暂不满足运行要求，且可能发生污闪的要求；⑩关于上方金属件锈蚀或表面覆盖藻类、苔藓的要求；⑪关于恶劣天气过程的要求；⑫关于水泥厂、有机溶剂类化工厂附近的复合外绝缘的要求；⑬关于瓷或玻璃绝缘子涂覆防污闪涂料的要求；⑭关于避雷器加装辅助伞裙的要求。

涉及此情况的差异大部分属于电网企业结合自身生产工作现状及近年来的现场案例总结提炼，且基本内容较新，均为2012版《十八项反措》基础上的新增条款，在《二十五项重点要求》中未提及该部分内容。实际执行时，参考电网企业要求，建议按照《十八项反措》要求执行。

重点内容说明：

（1）关于校核修正绝缘子配置的要求。

1）《十八项反措》原文表述为“对于饱和等值盐密大于0.35mg/cm²的，应单独校核绝缘配置。特高压交直流工程一般需要开展专项沿线污秽调查以确定外绝缘配置。海拔超过1000m时，外绝缘配置应进行海拔修正。”

2）《二十五项重点要求》无此要求。

3）分析说明：考虑e级污区中，存在个别地区极重污秽情况，对等值盐密大于0.35mg/cm²的绝缘提出绝缘配置校核的特殊要求。本条款针对高海拔地区绝缘配置需求，增加了海拔超过1000m时外绝缘配置应进行海拔修正的要求。

（2）关于粉尘污染严重地区绝缘子选取的要求。

1）《十八项反措》原文表述为“对于饱和等值盐密大于0.35mg/cm²的，应单独校核绝缘配置。特高压交直流工程一般需要开展专项沿线污秽调查以确定外绝缘配置。海拔超过1000m时，外绝缘配置应进行海拔修正。”

2）《二十五项重点要求》无此要求。

3）分析说明：对粉尘污染严重地区，宜选用自洁能力强的绝缘子，如外伞形绝缘子，变电设备可采取加装辅助伞裙等措施。玻璃绝缘子用于沿海、盐湖、水泥厂和冶炼厂等特殊区域时，应涂覆防污闪涂料。复合外绝缘用于苯、酒精类等化工厂附近时，应提高绝缘配置水平。依据运行经验，粉尘类污染地区宜用简单、自清洁性好的绝缘子。加装辅助伞裙是变电设备防粉尘的措施之一。考虑到化工企业周边快速积污的情况影响复合绝缘子憎

水性，故应适当提高绝缘配置水平。

（3）关于安装在非密封户内绝缘子的要求。

1）《十八项反措》原文表述为“安装在非密封户内的设备外绝缘设计应考虑户内场湿度和实际污秽度，与户外设备外绝缘的污秽等级差异不宜大于一级。”

2）《二十五项重点要求》无此要求。

3）分析说明：强调户内外绝缘设计应充分考虑户内场的密封情况和地区湿度情况差异，故增加“应考虑户内场湿度和实际污秽度”，以指导户内场设计。

（4）关于盘型悬式绝缘子的要求。

1）《十八项反措》原文表述为“盘形悬式瓷绝缘子安装前现场应逐个进行零值检测。”

2）《二十五项重点要求》无此要求。

3）分析说明：加强交接验收时对瓷绝缘子质量的要求，按照《电气装置安装工程 电气设备交接试验标准》（GB 50150—2016）、《劣化悬式绝缘子检测规程》（DL/T 626—2015）等标准已经规定在施工安装中进行该项检测，但以往多由于绝缘子量大等特殊性，无法保证现场全部逐一检测。2017 年 3 月 1000kV 淮南—南京—上海特高压交流输电线路检修时发现劣化率严重超标现象。为剔除生产、运输等环节导致的缺陷绝缘子，因此强调盘形悬式瓷绝缘子安装前现场应逐个进行零值检测。

（5）关于瓷或玻璃绝缘子安装前涂覆防污闪涂料的要求。

1）《十八项反措》原文表述为“瓷或玻璃绝缘子安装前需涂覆防污闪涂料时，宜采用工厂复合化工艺，运输及安装时应注意避免绝缘子涂层擦伤。”

2）《二十五项重点要求》无此要求。

3）分析说明：采用工厂复合化绝缘子可提高绝缘子涂覆防污闪涂层的质量。但在运输，尤其是安装过程中容易碰伤外表面造成局部憎水性缺失，应注意避免。

（6）关于开展饱和污秽度测试布点的要求。

1）《十八项反措》原文表述为“根据‘适当均匀、总体照顾’的原则，采用‘网格化’方法开展饱和污秽度测试布点，兼顾疏密程度、兼顾未来电网发展。局部重污染区、特殊污秽区、重要输电通道、微气象区、极端气象区等特殊区域应增加布点。根据标准要求开展污秽取样与测试。”

2）《二十五项重点要求》无此要求。

3）分析说明：主要参考《提升架空输电线路防污闪工作规范化水平指导意见》（运检二〔2015〕35 号）。作为防污闪工作的基础，科学合理的污秽度布点是确保获得准确的污秽水平的重要手段，目前的布点主要按照输电线路等距、重点污染源等区域布点，导致线路密集的地方布点多，而对于线路缺少的地区无监测点，带来以下两方面问题：一是密集地方工作量大且重复；二是部分地区污区图修订、新建工程特别是特高压工程所需的数据缺乏。

（7）关于开展污区分布图修订的要求。

1）《十八项反措》原文表述为“应以现场污秽度为主要依据，结合运行经验、污湿特征，考虑连续无降水日的大幅度延长等影响因素开展污区分布图修订。污秽等级变化时，应及时进行外绝缘配置校核。”

2)《二十五项重点要求》无此要求。

3)分析说明：参考《输变电设备防污闪技术措施补充规定》（运检二〔2013〕146号)、《提升架空输电线路防污闪工作规范化水平指导意见》(运检二〔2015〕35号）进行了修改，新增运行经验、气候因素。

(8)关于外绝缘配置不满足运行要求的输变电设备治理的要求。

1)《十八项反措》原文表述为“对外绝缘配置不满足运行要求的输变电设备应进行治理。防污闪措施包括增加绝缘子片数、更换防污绝缘子、涂覆防污闪涂料、更换复合绝缘子、加装辅助伞裙等。”

2)《二十五项重点要求》无此要求。

3)分析说明：关于外绝缘配置不满足运行要求的输变电设备治理的要求参考《提升架空输电线路防污闪工作规范化水平指导意见》(运检二〔2015〕35号)，具体列举了可采取的防污闪措施。

(9)关于外绝缘配置暂不满足运行要求，且可能发生污闪的要求。

1)《十八项反措》原文表述为“出现快速积污、长期干旱或外绝缘配置暂不满足运行要求，且可能发生污闪的情况时，可紧急采取带电水冲洗、带电清扫、直流线路降压运行等措施。”

2)《二十五项重点要求》无此要求。

3)分析说明：出现快速积污、长期干旱或外绝缘配置暂不满足运行要求，且可能发生污闪的情况下的紧急防污闪措施，包括带电清洗、带电清扫、直流降压运行等。

(10)关于上方金属件锈蚀或表面覆盖藻类、苔藓的要求。

1)《十八项反措》原文表述为“绝缘子上方金属部件严重锈蚀可能造成绝缘子表面污染，或绝缘子表面覆盖藻类、苔藓等，可能造成闪络的，应及时采取措施进行处理。”

2)《二十五项重点要求》无此要求。

3)分析说明：结合绝缘子上方金具锈蚀，在雨水作用下发生沿面闪络的特殊情况、南方地区出现过因绝缘子表面出现受潮、青苔藻类生长造成绝缘不足的情况提出。

(11)关于恶劣天气过程的要求。

1)《十八项反措》原文表述为“在大雾、毛毛雨、覆冰（雪）等恶劣天气过程中，宜加强特殊巡视，可采用红外热成像、紫外成像等手段判定设备外绝缘运行状态。”

2)《二十五项重点要求》无此要求。

3)分析说明：参考《提升架空输电线路防污闪工作规范化水平指导意见》(运检二〔2015〕35号)，对特殊天气下的巡视进行要求。

(12)关于水泥厂、有机溶剂类化工厂附近的复合外绝缘的要求。

1)《十八项反措》原文表述为“对于水泥厂、有机溶剂类化工厂附近的复合外绝缘设备，应加强憎水性检测。”

2)《二十五项重点要求》无此要求。

3)分析说明：水泥厂，苯、酒精类等化工厂的污染会影响复合外绝缘憎水性，应加强该类地区复合外绝缘憎水性检测。

(13)关于瓷或玻璃绝缘子涂覆防污闪涂料的要求。

1）《十八项反措》原文表述为“瓷或玻璃绝缘子需要涂覆防污闪涂料如采用现场涂覆工艺，应加强施工、验收、现场抽检各个环节的管理。”

2）《二十五项重点要求》无此要求。

3）分析说明：加强对绝缘子涂覆防污闪涂料的质量和管理要求。

（14）关于避雷器加装辅助伞裙的要求。

1）《十八项反措》原文表述为“避雷器不宜单独加装辅助伞裙，宜将辅助伞裙与防污闪涂料结合使用。”

2）《二十五项重点要求》无此要求。

3）分析说明：防污闪涂料、辅助伞裙的应用十分广泛，删减了其作为防污闪重要措施的论述。但考虑避雷器内部结构，增加辅助伞裙后可能造成电场的改变，对于性能的影响需要积累经验。目前也有部分加装辅助伞裙与防污闪涂料结合使用的经验，由此沿用上一版本反措的叙述，提出不宜单独加装辅助伞裙，若加装宜辅助伞裙宜与防污闪涂料结合使用。

3.《二十五项重点要求》中有要求，但《十八项反措》中无要求。

此种情况涉及的要求有 7 项，具体内容为：①关于中性点不接地系统设备外绝缘配置的要求；②关于电力系统污区分布图的绘制、修订的要求；③关于外绝缘配置不满足污区分布图等要求；④关于避免局部防污闪漏洞或防污闪死角的要求；⑤关于零值、低值瓷绝缘子的要求；⑥关于防污闪涂料与防污闪辅助伞裙的要求；⑦关于户内绝缘子防污闪的要求。

涉及此情况的差异主要属于两部分：一部分是目前已与电网企业关系不够密切，重点要求集中涉及发电企业的相关要求；另一部分是电网企业已将相关要求在其他规范标准中体现，并在每章节概述中说明，已无需在《十八项反措》中重点强调，或结合实际生产情况，统一标准后在《十八项反措》中删除该条款。针对《二十五项重点要求》中有要求，但在《十八项反措》中未提及的内容，实际执行时，建议参考电网企业要求，查阅相关规范标准，结合《二十五项重点要求》内容，综合分析具体情况后确定执行意见。

第八节 “防止直流换流站设备损坏和单双极强迫停运事故”章节差异性解读

一、整体性对比

《十八项反措》第 8 章“防止直流换流站设备损坏和单双极强迫停运事故”对应《二十五项重点要求》第 21 章“防止直流换流站设备损坏和单双极强迫停运事故”。《十八项反措》第 8 章“防止直流换流站设备损坏和单双极强迫停运事故”共包含 90 条具体条款，《二十五项重点要求》第 21 章“防止直流换流站设备损坏和单双极强迫停运事故”共包含 64 条具体条款。《十八项反措》与《二十五项重点要求》两者一致的要求有 47 项，存在差异性的要求有 49 项。

二、分条款对比分析

（一）两者要求一致的条款

《十八项反措》与《二十五项重点要求》两者一致的要求有47项，具体内容为：①关于换流阀及阀控系统全过程管理的要求；②关于换流阀及阀控系统赴厂监造和验收的要求；③关于单阀冗余晶闸管级数的要求；④关于换流阀及阀冷系统冷却水管道的要求；⑤关于内冷水系统主泵切换延时引起的流量变化的要求；⑥关于外风冷系统设计阶段冷却裕度的要求；⑦关于内冷水系统管道切割焊接的要求；⑧关于外水冷系统缓冲水池的要求；⑨关于外风冷系统风扇电机、外水冷系统冷却塔风扇电机及其接线盒的要求；⑩关于寒冷地区阀外冷系统应考虑采取保温的要求；⑪关于阀厅的防雨、防尘性能的要求；⑫关于阀厅屋顶及室内巡视通道设计的要求；⑬关于晶闸管损坏的要求；⑭关于换流变压器及油浸式平波电抗器的储油柜的要求；⑮关于非电量保护的要求；⑯关于保护继电器及表计应安装防雨罩的要求；⑰关于保护应采用三重化或双重化配置的要求；⑱关于密度继电器的要求；⑲关于自动停运冷却器潜油泵的要求；⑳关于就地控制柜的温度、湿度的要求；㉑关于铁芯及夹件引出线的要求；㉒关于重瓦斯保护跳闸的要求；㉓关于油色谱分析的要求；㉔关于本体及套管油位的要求；㉕关于套管红外测温的要求；㉖关于有载分接开关挡位不一致的要求；㉗关于套管末屏接地的要求；㉘关于换流站的站用电源设计的要求；㉙关于备用电源自动投切的要求；㉚关于冷却系统电源切换装置的要求；㉛关于站用电系统及阀冷却系统系统调试前试验的要求；㉜关于低压直流电源系统供电方式的要求；㉝关于站用电系统保护定值以及备自投定值管理的要求；㉞关于避雷器参数的要求；㉟关于设备爬电比距与污秽等级的要求；㊱关于绝缘子进行憎水性检查的要求；㊲关于直流场设备进行红外测温的要求；㊳关于放电现象的要求；㊴关于复合绝缘子表面清洗的要求；㊵关于直流控制保护的要求；㊶关于直流保护分区设置的要求；㊷关于光电流互感器二次回路的要求；㊸关于严禁土建施工与设备安装同时进行的要求；㊹关于控制直流控制保护系统运行环境的要求；㊺关于换流站直流控制保护系统软件管理的要求；㊻关于直流控制保护系统故障处理完毕的要求；㊼关于直流控制保护系统主机板卡故障率的要求。

上述情况属于《十八项反措》与《二十五项重点要求》两者要求基本一致、表述稍有差别的条款，执行两者要求任何之一均可，考虑到《十八项反措》与电网公司实际生产情况更契合，实际执行时，建议按照《十八项反措》要求即可。

（二）两者存在差异性的条款

《十八项反措》与《二十五项重点要求》两者存在差异性的要求有49项，分为下列五种情况。

1.《十八项反措》与《二十五项重点要求》中均有要求，但《十八项反措》要求更全面

此种情况涉及的要求有8项，具体内容为：①关于换流阀火灾预防的要求；②关于换流阀冷却控制保护系统双重化配置的要求；③关于阀控系统双重化配置的要求；④关于换流变压器及油浸式平波电抗器阀侧套管的要求；⑤关于在线监测装置的要求；⑥关于两台

内冷水主泵电源的要求；⑦关于采用双重化配置的直流保护的每套保护应采用“启动＋动作”逻辑的要求；⑧关于直流控制保护系统自检功能的要求。

涉及此情况的差异属于《十八项反措》中对于同一问题的要求，相比较《二十五项重点要求》更全面、更细致精确，范围更广的条款，两者要求属于包含关系，与电网公司实际生产情况中的部分情况更匹配。实际执行时，参考电网企业要求，建议按照《十八项反措》要求执行。

重点内容说明：

（1）关于换流阀火灾预防的要求。

1）《十八项反措》原文表述为“8.1.1.4 换流阀应采用阻燃材料，并消除火灾在换流阀内蔓延的可能性。阀厅应安装响应时间快、灵敏度高的火情早期检测报警装置。阀厅发生火灾后火灾报警系统应能及时停运直流系统，并自动停运阀厅空调通风系统。”

2）《二十五项重点要求》原文表述为“21.1.4 在换流阀的设计和制造中应采用阻燃材料，并消除火灾在换流阀内蔓延的可能性。阀厅应安装响应时间快、灵敏度高的火情早期检测报警装置。”

3）分析说明：《十八项反措》和《二十五项重点要求》均说明了采用阻燃材料和报警装置的要求，但《十八项反措》还增加了阀厅发生火灾后火灾报警系统应能及时停运直流系统，并自动停运阀厅空调通风系统的内容，这项内容极为重要，能有效避免火灾的扩大，因此应按照《十八项反措》执行。

（2）关于换流阀冷却控制保护系统双重化配置的要求。

1）《十八项反措》原文表述为“8.1.1.5 换流阀冷却控制保护系统至少应双重化配置，并具备完善的自检和防误动措施。作用于跳闸的内冷水传感器应按照三套独立冗余配置，每个系统的内冷水保护对传感器采集量按照‘三取二’原则出口。控制保护装置及各传感器应由两套电源同时供电，任一电源失电不影响控制保护及传感器的稳定运行。当保护检测到严重泄漏、主水流量过低或者进阀水温过高时，应自动停运直流系统以防止换流阀损坏。”

2）《二十五项重点要求》原文表述为“21.1.6 换流阀冷却控制保护系统至少应双重化配置，并具备完善的自检和防误动措施。当阀冷保护检测到严重泄漏、主水流量过低或者进阀水温过高时，应自动闭锁换流器以防止换流阀损坏。”

3）分析说明：《十八项反措》增加了作用于跳闸的内冷水传感器应按照三套独立冗余配置的要求，还要求控制保护装置及各传感器应两套电源同时供电，对于冷却控制保护系统尤为重要，特意强调这两点能极大提升系统可靠性，因此应按照《十八项反措》执行。关于阀控系统双重化配置的要求也类似，《十八项反措》对两套阀控系统不应共用元件有了更加具体的说明。

（3）关于换流变压器及油浸式平波电抗器阀侧套管的要求。

1）《十八项反措》原文表述为“8.2.1.1 换流变压器及油浸式平波电抗器阀侧套管不宜采用充油套管。换流变压器及油浸式平波电抗器穿墙套管的封堵应使用阻燃、非导磁材料。换流变压器及油浸式平波电抗器阀侧套管类新产品应充分论证，并严格通过试验考核后再在直流工程中使用。”

2)《二十五项重点要求》原文表述为“21.2.1 换流变压器及平波电抗器阀侧套管不宜采用充油套管。换流变压器及平波电抗器的穿墙套管的封堵应使用非导磁材料。换流变压器及平波电抗器阀侧套管类新产品应充分试验后再在直流工程中使用。”

3)分析说明:《十八项反措》增加了穿墙套管的封堵应使用阻燃材料的要求,更加注重火灾预防,是近年来一些事故的经验教训总结而来,应按照《十八项反措》执行。

(4)关于在线监测装置的要求。

1)《十八项反措》原文表述为“8.2.1.12 换流变压器及油浸式平波电抗器应配置成熟可靠的在线监测装置,并将在线监测信息送至后台集中分析。”

2)《二十五项重点要求》原文表述为“21.2.10 换流变压器应配置成熟可靠的在线监测装置,并将在线监测信息送至后台集中分析。”

3)分析说明:《十八项反措》要求油浸式平波电抗器也要配置在线监测装置,要求的范围更大了,也是源于设备运行经验的总结,应按照《十八项反措》执行。

(5)关于采用双重化配置的直流保护的每套保护应采用“启动+动作”逻辑的要求。

1)《十八项反措》原文表述为“8.5.1.3 采用双重化配置的直流保护(含换流变保护及交流滤波器保护),每套保护应采用‘启动+动作’逻辑,启动和动作元件及回路应完全独立。采用三重化配置的直流保护(含换流变压器保护),每套保护测量回路应独立,应按‘三取二’逻辑出口,任一‘三取二’模块故障也不应导致保护误动和拒动。电子式电流互感器的远端模块至保护装置的回路应独立,纯光纤式电流互感器测量光纤及电磁式电流互感器二次绕组至保护装置的回路应独立。”

2)《二十五项重点要求》原文表述为“21.5.3 直流控制保护系统的结构设计应避免单一元件的故障引起直流控制保护误动跳闸。采用双重化配置的保护装置,每套保护应采用‘启动+动作’逻辑,启动和动作元件及回路应完全独立。采用三重化配置的保护装置,应按三取二逻辑后出口,任一‘三取二’模块故障也不应导致保护误动和拒动。”

3)分析说明:《十八项反措》对于电子式电流互感器、纯光纤式电流互感器及电磁式电流互感器有了特别强调,对于冗余配置的要求更加细化,防止前述要求模糊不清产生歧义,应按照《十八项反措》执行。

2.《十八项反措》中有要求,但《二十五项重点要求》中无要求

此种情况涉及的要求有32项,具体内容为:①关于阀厅温度、湿度、微正压的要求;②关于油流继电器跳闸的要求;③关于换流变压器和油浸式平波电抗器非电量保护跳闸动作后,不应启动断路器失灵保护的要求;④关于非电量保护跳闸触点和模拟量采样的要求;⑤关于气体继电器和油流继电器接线盒的要求;⑥关于直流设备外绝缘设计时应考虑足够的裕度的要求;⑦关于保护系统两路电源供电的要求;⑧关于直流保护标准化设计的要求;⑨关于电流互感器的选型配置及二次绕组的数量的要求;⑩关于跳闸回路触点和继电器的要求;⑪关于存在保护出口信号时不应切换到运行状态的要求;⑫关于直流分压器防雷功能的要求;⑬关于直流极(阀组)退出运行时,不应影响在运极(阀组)的正常运行的要求;⑭关于设计保护程序时选择计算方法和定值的判据的要求;⑮关于直流线路保护应考虑另一极线路故障及再启动的影响的要求;⑯关于禁止未经批准修改直流控制保护软件程序和定值,防止因误修改导致直流停运的要求;⑰关于直流控制保护系统应具备防

网络风暴功能的要求；⑱关于直流控制保护系统可靠性评价分析的要求；⑲关于加强单极中性线、双极中性线区域设备设计选型，适当提高设备绝缘设计裕度的要求；⑳关于换流站两个极不应有共用设备的要求；㉑关于不宜采用共用接地极方式的要求；㉒关于提高接地极线路和杆塔设计标准的要求；㉓关于接地极极址地上设备安全防护的要求；㉔关于优先采用将双极控制保护功能分散到单极控制保护设备中的模式的要求；㉕关于站内SCADA系统LAN网设计时网络拓扑结构的要求；㉖关于站用电的保护系统应相互独立的要求；㉗关于最后断路器保护设计的要求；㉘关于交流滤波器设计的要求；㉙关于中性线设备的状态检测和评估的要求；㉚关于直流控制保护系统安全防护管理的要求；㉛关于优化交流滤波器运行方式的要求；㉜关于接地极设备运维和状态检测的要求。

涉及此情况的差异大部分属于电网企业结合自身生产工作现状及近年来的现场案例总结提炼，且基本内容较新，均为2012版《十八项反措》基础上的新增条款，在《二十五项重点要求》中未提及该部分内容。实际执行时，参考电网企业要求，建议按照《十八项反措》要求执行。

3.《二十五项重点要求》中有要求，但《十八项反措》中无要求

此种情况涉及的要求有6项，具体内容为：①关于检修期间应对内冷水系统水管的要求；②关于晶闸管进行全面检测和状态评估的要求；③关于失去一路站用电源的要求；④关于换流站所有跳闸出口触点均应采用常开触点的要求；⑤关于换流站户外端子箱、接线盒防护等级的要求；⑥关于不允许对检修极的中性隔离开关进行检修工作的要求。

涉及此情况的差异主要是电网企业已将相关要求在其他规范标准中体现，并在每章节概述中说明，已无需在《十八项反措》中重点强调，或结合实际生产情况，统一标准后在《十八项反措》中删除该条款。针对《二十五项重点要求》中有要求，但在《十八项反措》中未提及的内容，实际执行时，建议参考电网企业要求，查阅相关规范标准，结合《二十五项重点要求》内容，综合分析具体情况后确定执行意见。

4.《十八项反措》与《二十五项重点要求》中均有要求，但侧重点不同

此种情况涉及的要求有1项，具体内容为关于换流阀设备进行红外测温等的要求。

涉及此情况的差异大部分属于同一类型下或同一情况不同方面的要求，此时两者虽面向的对象分类相同，但表述时侧重点不同，且要求内容不互为包含关系，两者相互补充，综合两者而言，提出了更全面的要求。实际执行时，原则上均需遵照执行，参考电网企业要求，同时按照《十八项反措》及《二十五项重点要求》要求执行。

重点内容说明：关于换流阀设备进行红外测温等的要求

1）《十八项反措》原文表述为“8.1.3.2 运行期间应定期对换流阀设备进行红外测温，必要时进行紫外检测，出现过热、弧光等问题时应密切跟踪，必要时申请停运直流系统处理。若发现火情，应立即停运直流系统，采取灭火措施，避免事故扩大。”

2）《二十五项重点要求》原文表述为“21.1.17 应定期对换流阀设备进行红外测温，建立红外图谱档案，进行纵、横向温差比较，便于及时发现隐患并处理。”

3）分析说明：关于换流阀设备进行红外测温的要求，《十八项反措》及《二十五项重点要求》都强调运行期间应定期对换流阀设备进行红外测温，发现隐患进行处理。但《十

八项反措》还强调了必要时应进行紫外检测，出现过热、弧光等问题时应密切跟踪，并且对发现火情时的具体应对措施有说明，应立即停运直流系统，采取灭火措施，避免事故扩大。而《二十五项重点要求》强调了纵、横向温差比较的内容，对红外图谱数据应用有简单说明，也有实际指导意义。实际执行时，建议同时按照《十八项反措》及《二十五项重点要求》要求执行。

5.《十八项反措》与《二十五项重点要求》中均有要求，但要求的具体标准不一致

此种情况涉及的要求有 2 项，具体内容为：①关于直流场设备外绝缘强度的要求；②关于直流控制保护系统的参数的要求。

涉及此情况的差异属于《十八项反措》与《二十五项重点要求》中对于同一问题的要求，属于同一维度，但要求的具体标准不一致的条款，两者相比较后必然存在一方标准更严格的情况。两者要求不属于包含关系，属于重叠情况，经常存在于涉及试验的要求中。实际执行时，参考电网企业要求，建议从严执行，选择两者中要求更为严格的标准执行。

重点内容说明：

（1）关于直流场设备外绝缘强度的要求。

1）《十八项反措》原文表述为“8.4.1.1 应充分考虑当地污秽等级及环境污染发展情况，并结合直流设备易积污的特点，参考当地长期运行经验来设计直流场设备外绝缘强度，设备外绝缘应按污区等级要求的上限配置。”

2）《二十五项重点要求》原文表述为“21.4.1 在设计阶段，设计单位应充分考虑当地污秽等级及环境污染发展情况，并结合直流设备易积污的特点，参考当地长期运行经验来设计直流场设备外绝缘强度。”

3）分析说明：《十八项反措》要求设备外绝缘应按污区等级要求的上限配置，要求更加严格，按照从严执行的原则，应按照《十八项反措》执行。

（2）关于直流控制保护系统的参数的要求。

1）《十八项反措》原文表述为“8.5.1.7 直流控制保护系统的参数应由成套设计单位通过系统仿真计算给出建议值，经过二次设备联调试验验证。成套设计单位应定期根据电网结构变化情况对控制保护系统参数的适应性进行校核。”

2）《二十五项重点要求》原文表述为“21.5.5 直流控制保护系统的参数应通过仿真计算给出建议值，经过控制保护联调试验验证。”

3）分析说明：《十八项反措》要求更加严格，成套设计单位还应定期对控制保护系统参数的适应性进行校核，更加贴合实际，考虑到电网建设发展迅速、电网结构变化快的情况，按照从严执行的原则，应按照《十八项反措》执行。

第九节 “防止大型变压器（电抗器）损坏事故”章节差异性解读

一、整体性对比

《十八项反措》第 9 章“防止大型变压器（电抗器）损坏事故”对应《二十五项重点

要求》第12章“防止大型变压器损坏和互感器事故”。《十八项反措》第9章“防止大型变压器（电抗器）损坏事故”共包含69条具体条款，《二十五项重点要求》第12章“防止大型变压器损坏和互感器事故”共包含58条具体条款。《十八项反措》与《二十五项重点要求》两者一致的要求有19项，存在差异性的要求有66项。

二、分条款对比分析

（一）两者要求一致的条款

《十八项反措》与《二十五项重点要求》两者一致的要求有19项，具体内容为：①关于电抗器出厂试验的要求；②关于三维冲击的要求；③关于运行超过20年的薄绝缘、铝绕组变压器大修的要求；④关于变压器拆装套管需内部接线或进入后，应进行现场局部放电试验的要求；⑤关于变压器本体保护的要求；⑥关于变压器重瓦斯保护退出改投信号的要求；⑦关于无励磁分接开关直流电阻和变比的要求；⑧关于电容套管负压的要求；⑨关于变压器冷却方式的要求；⑩关于潜油泵的要求；⑪关于水冷方式的要求；⑫关于潜油泵启动的要求；⑬关于冷却系统的两个独立电源的要求；⑭关于冷却器冲洗的要求；⑮关于单铜管水冷却变压器的要求；⑯关于排油注氮变压器采用双浮球结构气体继电器的要求；⑰关于排油注氮动作线圈功率等要求；⑱关于水喷淋动作的要求；⑲关于变压器干燥防火措施的要求。

上述情况属于《十八项反措》与《二十五项重点要求》两者要求基本一致，表述稍有差别的条款，执行两者要求任何之一均可，考虑到《十八项反措》与电网公司实际生产情况更契合，实际执行时，建议按照《十八项反措》要求即可。

（二）两者存在差异性的条款

《十八项反措》与《二十五项重点要求》两者存在差异性的要求有66项，分为下列五种情况。

1.《十八项反措》与《二十五项重点要求》中均有要求，但《十八项反措》要求更全面

此种情况涉及的要求有14项，具体内容为：①关于变压器短路承受能力计算报告的要求；②关于电缆线路变压器重合闸的要求；③关于变压器出厂局部放电试验的要求；④首次设计、新型号或特殊运行变压器试验的要求；⑤关于变压器绕组出厂和投产前绕组变形测试、局部放电的要求；⑥关于在线油色谱监测装置的要求；⑦关于防雨罩的要求；⑧关于套管型式试验报告的要求；⑨关于套管静放的要求；⑩关于套管防止污秽闪络的要求；⑪关于套管末屏的要求；⑫关于冷却系统电源的要求；⑬关于断流阀的要求；⑭关于灭火装置维护和检查的要求。

涉及此情况的差异属于《十八项反措》中对于同一问题的要求，相比较《二十五项重点要求》更全面、更细致精确，范围更广的条款，两者要求属于包含关系，与电网公司实际生产情况中的部分情况更匹配。实际执行时，参考电网企业要求，建议按照《十八项反措》要求执行。

2.《十八项反措》中有要求，但《二十五项重点要求》中无要求

此种情况涉及的要求有27项，具体内容为：①关于变压器制造阶段抗短路能力验证

的要求；②关于变压器热缩的要求；③关于变压器中低压电缆出线的要求；④关于变压器投运后抗短路能力校核工作的要求；⑤关于直流偏磁抑制的要求；⑥关于强迫油循环变压器安装结束交接试验前的要求；⑦关于新安装时应抽样进行空载损耗试验和负载损耗试验的要求；⑧关于变压器油温低于5℃时试验要求的要求；⑨关于轻瓦斯报警的要求；⑩关于继电器的要求；⑪关于气体继电器的要求；⑫关于变压器后备保护整定时间的要求；⑬关于气体继电器取气的要求；⑭关于吸湿器的要求；⑮关于有载调压变压器抽真空注油的要求；⑯关于真空有载分接开关绝缘油检测的要求；⑰关于油浸式真空有载分接开关轻瓦斯报警的要求；⑱关于引流线（含金具）对套管接线柱的作用力的要求；⑲关于变压器套管接线端子材质的要求；⑳关于套管紧固螺栓的要求；㉑关于变压器套管接线端子材质密封状况的要求；㉒关于穿墙套管的要求；㉓关于电容型穿墙套管末屏的要求；㉔关于强迫油循环变压器内部故障跳闸后，潜油泵应同时退出运行的要求；㉕关于波纹管的要求；㉖关于波纹管更换的要求；㉗关于变压器灭火的要求。

涉及此情况的差异大部分属于电网企业结合自身生产工作现状及近年来的现场案例总结提炼，且基本内容较新，均为2012版《十八项反措》基础上的新增条款，在《二十五项重点要求》中未提及该部分内容。实际执行时，参考电网企业要求，建议按照《十八项反措》要求执行。

3.《二十五项重点要求》中有要求，但《十八项反措》中无要求

此种情况涉及的要求有18项，具体内容为：①关于新安装和大修后的变压器抽真空、真空注油和热油循环要求；②关于变压器注油的要求；③充气运输变压器保存；④关于变压器冷却器潜油泵负压区渗漏的要求；⑤关于运行10年以上的变压器油质管理的要求；⑥关于铁芯接地电流的要求；⑦关于红外检测的要求；⑧关于强迫油循环风冷变压器在设备选型阶段的要求；⑨关于变压器本体、有载分接开关的重瓦斯保护投跳闸的要求；⑩关于气体继电器的要求；⑪关于压力释放阀在交接和变压器大修时应进行校验的要求；⑫关于重瓦斯保护切换为信号的要求；⑬关于无励磁分接开关的弹簧的要求；⑭关于套管存放的要求；⑮关于变压器套管油位的要求；⑯关于油泵的要求；⑰关于盘式电机油泵的要求；⑱关于变压器的消防设施的要求。

涉及此情况的差异主要属于两部分：一部分是目前已与电网企业关系不够密切，重点要求集中涉及发电企业的相关要求；另一部分是电网企业已将相关要求在其他规范标准中体现，并在每章节概述中说明，已无需在《十八项反措》中重点强调，或结合实际生产情况，统一标准后在《十八项反措》中删除该条款。针对《二十五项重点要求》中有要求，但在《十八项反措》中未提及的内容，实际执行时，建议参考电网企业要求，查阅相关规范标准，结合《二十五项重点要求》内容，综合分析具体情况后确定执行意见。

重点内容说明：

（1）关于充气运输变压器保存的要求。

1）《十八项反措》原文表述为“9.2.2.2 充气运输的变压器应密切监视气体压力，压力低于0.01MPa时要补干燥气体，现场充气保存时间不应超过3个月，否则应注油保存，并装上储油柜。”

2）《二十五项重点要求》原文表述为“12.2.8 充气运输的变压器运到现场后，必须

密切监视气体压力，压力过低时（低于 0.01MPa）要补干燥气体，现场放置时间超过 3 个月的变压器应注油保存，并装上储油柜，严防进水受潮。注油前，必须测定密封气体的压力，核查密封状况，必要时应进行检漏试验。为防止变压器在安装和运行中进水受潮，套管顶部将军帽、储油柜顶部、套管升高座及其连管等处必须密封良好。必要时应测露点。如已发现绝缘受潮，应及时采取相应措施。”

3）分析说明：关于充气运输变压器保存的要求中，《二十五项重点要求》提到的现场放置时间超过 3 个月的变压器注油保存防止绝缘受潮的相关要求，已在《750kV 和 1000kV 级油浸式电力变压器技术参数和要求》（NB/T 42020—2013）中要求：“5.4.7 变压器运输、贮存直至安装前，应保护变压器本体及所有组件、部件（如套管、储油柜、阀门及散热器或冷却器等）”，已无需在《十八项反措》中重点强调，或结合实际生产情况，统一标准后在《十八项反措》中删除该条款。

（2）关于变压器冷却器潜油泵负压区渗漏的要求。

1）《十八项反措》无此要求。

2）《二十五项重点要求》原文表述为“12.2.12 加强变压器运行巡视，应特别注意变压器冷却器潜油泵负压区出现的渗漏油，如果出现渗漏应切换停运冷却器组，进行堵漏消除渗漏点。”

3）分析说明：关于变压器冷却器潜油泵负压区渗漏的要求中，《二十五项重点要求》提到的特别注意变压器冷却器潜油泵负压区出现的渗漏油，如果出现渗漏应切换停运冷却器组，进行堵漏消除渗漏点的相关要求，已在《电力变压器运行规程》（DL/T 572—2010）中有要求：“5.3.6 d）……如负压区渗漏油，必须及时处理，防止空气和水分进入变压器”，无需在《十八项反措》中重点强调，或结合实际生产情况，统一标准后在《十八项反措》中删除该条款。

（3）关于铁芯接地电流的要求。

1）《十八项反措》原文表述为“9.2.3.4 铁芯、夹件分别引出接地的变压器，应将接地引线引至便于测量的适当位置，以便在运行时监测接地线中是否有环流，当运行中环流异常变化时，应尽快查明原因，严重时应采取措施及时处理。”

2）《二十五项重点要求》原文表述为“12.2.18 铁芯、夹件通过小套管引出接地的变压器，应将接地引线引至适当位置，以便在运行中监测接地线中有无环流，当运行中环流异常变化，应尽快查明原因，严重时应采取措施及时处理，电流一般控制在 100mA 以下。”

3）分析说明：关于铁芯接地电流的要求中，《二十五项重点要求》提到的运行中环流电流一般控制在 100mA 以下的要求，已在《电力变压器检修导则》（DL/T 573—2010）中要求：“6.4 运行中若大于 300mA 时，应加装限流电阻进行限流，将接地电流控制在 100mA 以下，并适时安排停电处理”，已无需在《十八项反措》中重点强调，或结合实际生产情况，统一标准后在《十八项反措》中删除该条款。

（4）关于气体继电器的要求。

1）《十八项反措》无此要求。

2）《二十五项重点要求》原文表述为“12.3.5 气体继电器应定期校验。当气体继电器发出轻瓦斯动作信号时，应立即检查气体继电器，及时取气样检验，以判明气体成分，同时取油样进行色谱分析，查明原因及时排除。”

3）分析说明：关于气体继电器的要求中，《二十五项重点要求》提到的气体继电器应定期校验的要求，已在《电力变压器运行规程》（DL/T 572—2010）中要求：“5.3.1 c）已运行的气体继电器每2～3年开盖一次，进行内部结构和动作可靠性检查……”，已无需在《十八项反措》中重点强调，或结合实际生产情况，统一标准后在《十八项反措》中删除该条款。

关于气体继电器的要求中，《二十五项重点要求》提到的当气体继电器发出轻瓦斯动作信号时，应立即检查气体继电器，及时取气样检验，以判明气体成分，同时取油样进行色谱分析，查明原因及时排除的相关要求，已在《电力变压器运行规程》（DL/T 572—2010）中进行了详细的要求：“6.2.1 瓦斯保护信号动作时，应立即对变压器进行检查，查明动作的原因，是否因聚空气、油位降低、二次回路故障或是变压器内部故障造成的。如气体继电器内有气体，则应记录气量，观察气体颜色及试验是否可燃，并取气样及油样做色谱分析，可根据有关规程和导则判断变压器的故障性质。若气体继电器内的气体为无色、无臭且不可燃，色谱分析判断为空气，则变压器可继续运行，并及时消除进气缺陷。若气体是可燃的或油中溶解气体分析结果异常，应综合判断确定变压器是否停运”，无需在《十八项反措》中重点强调，或结合实际生产情况，统一标准后在《十八项反措》中删除该条款。

（5）关于重瓦斯保护切换为信号的要求。

1）《十八项反措》无此要求。

2）《二十五项重点要求》原文表述为“12.3.8 变压器运行中，若需将气体继电器集气室的气体排出时，为防止误碰探针，造成瓦斯保护跳闸，可将变压器重瓦斯保护切换为信号方式；排气结束后，应将重瓦斯保护恢复为跳闸方式。”

3）分析说明：关于重瓦斯保护切换为信号的要求中，《二十五项重点要求》提到的变压器运行中，若需将气体继电器集气室的气体排出，将变压器重瓦斯保护切换为信号方式的相关要求，已在《电力变压器运行规程》（DL/T 572—2010）中要求：“5.3.1 d）当油位计的油面异常升高或呼吸系统有异常现象，需要打开放气或放气阀门时，应先将重瓦斯改接信号”，已无需在《十八项反措》中重点强调，或结合实际生产情况，统一标准后在《十八项反措》中删除该条款。

（6）关于盘式电机油泵的要求。

1）《十八项反措》无此要求。

2）《二十五项重点要求》原文表述为“12.6.9 运行中如出现过热、振动、杂音及严重漏油等异常时，应安排停运检修。”

3）分析说明：关于变压器冷却器盘式电机油泵的要求中，《二十五项重点要求》提到的运行中如出现过热、振动、杂音及严重漏油等异常时，应安排停运检修的相关要求，已在《电力变压器运行规程》（DL/T 572—2010）中有要求：“5.3.6 d）定期检查是否存在过热、振动、杂音及严重漏油等异常现象……必须及时处理防止空气和水分进入变压器”，无需在《十八项反措》中重点强调，或结合实际生产情况，统一标准后在《十八项反措》

中删除该条款。

（7）关于变压器的消防设施的要求。

1）《十八项反措》无此要求。

2）《二十五项重点要求》原文表述为“12.6.9 按照有关规定完善变压器的消防设施……”

3）分析说明：关于变压器的消防设施的要求中，《二十五项重点要求》提到的完善变压器的消防设施的相关要求，已在《电力变压器运行规程》（DL/T 572—2010）中有要求：“5.1.5 i）消防设施应齐全完好”，无需在《十八项反措》中重点强调，或结合实际生产情况，统一标准后在《十八项反措》中删除该条款。

4.《十八项反措》与《二十五项重点要求》中均有要求，但侧重点不同

此种情况涉及的要求有 5 项，具体内容为：①关于变压器器身暴露在空气中的时间与分体运输、现场组装的变压器干燥方法的要求；②关于充气运输变压器密封情况检查的要求；③关于储油柜的胶囊、隔膜及波纹管更换的要求；④关于气体继电器和压力释放阀校验的要求；⑤关于有载分接开关的要求。

涉及此情况的差异大部分属于同一类型下或同一情况不同方面的要求，此时两者虽面向的对象分类相同，但表述时侧重点不同，且要求内容不互为包含关系，两者相互补充，综合两者而言，提出了更全面的要求。实际执行时，原则上均需遵照执行，参考电网企业要求，同时按照《十八项反措》及《二十五项重点要求》要求执行。

5.《十八项反措》与《二十五项重点要求》中均有要求，但要求的具体标准不一致

此种情况涉及的要求有 2 项，具体内容为：①关于变压器在遭受近区突发短路后试验的要求；②关于变压器出厂试验的要求。

涉及此情况的差异属于《十八项反措》与《二十五项重点要求》中对于同一问题的要求，属于同一维度，但要求的具体标准不一致的条款，两者相比较后必然存在一方标准更严格的情况。两者要求不属于包含关系，属于重叠情况，一般经常存在于涉及试验的要求中。实际执行时，参考电网企业要求，建议从严执行，选择两者中要求更为严格的标准执行。

重点内容说明：

（1）关于变压器在遭受近区突发短路后试验的要求。

1）《十八项反措》原文表述为“9.1.8 220kV 及以上电压等级变压器受到近区短路冲击未跳闸时，应立即进行油中溶解气体组分分析，并加强跟踪，同时注意油中溶解气体组分数据的变化趋势，若发现异常，应进行局部放电带电检测，必要时安排停电检查。变压器受到近区短路冲击跳闸后，应开展油中溶解气体组分分析、直流电阻、绕组变形及其他诊断性试验，综合判断无异常后方可投入运行。”

2）《二十五项重点要求》原文表述为“12.1.3 变压器在遭受近区突发短路后，应做低电压短路阻抗测试或绕组变形试验，并与原始记录比较，判断变压器无故障后，方可投运。”

3）分析说明：两者相差在于变压器在遭受近区突发短路后采取试验项目不同，《十八项反措》中区分了短路后变压器跳闸与未跳闸两种情况，《十八项反措》中的要求更细化，实际执行时，参考《国家电网公司变电评价管理规定（试行）　第 30 分册 油浸式变压器（电抗

器）检修策略》中的要求："在变压器短路冲击电流在允许短路电流的50%～70%，次数累计达到6次及以上或短路电流在允许短路电流的70%～90%情况下，适时开展B类或C类检修，对变压器进行例行试验及绕组变形等诊断性试验，进行综合分析判断后处理，若油色谱异常，必要时进行局部放电试验，视进一步实验结果进行处理；在短路电流在允许短路电流的90%以上的情况下，立即开展B类或C类检修，对变压器进行例行试验及绕组变形等诊断性试验，进行综合分析判断后处理，若油色谱异常，必要时进行局部放电试验，视进一步实验结果进行处理。"参考电网企业要求，建议按照《十八项反措》要求执行。

（2）关于变压器出厂试验的要求。

1）《十八项反措》原文表述为"9.2.1.1 出厂试验时应将供货的套管安装在变压器上进行试验；密封性试验应将供货的散热器（冷却器）安装在变压器上进行试验；主要附件（套管、分接开关、冷却装置、导油管等）在出厂时均应按实际使用方式经过整体预装。"

2）《二十五项重点要求》原文表述为"12.2.1 工厂试验时应将供货的套管安装在变压器上进行试验；所有附件在出厂时均应按实际使用方式经过整体预装。"

3）分析说明：两者相差在于《十八项反措》特别强调了密封性试验应将供货的散热器（冷却器）安装在变压器上进行试验；《十八项反措》出厂时要求主要附件进行整体预装而《二十五项重点要求》要求所有附件进行整体预装。实际执行时，建议结合《十八项反措》与《二十五项重点要求》中要求的更加严格的执行，即出厂试验中的密封性试验按照《十八项反措》中的要求，而变压器出厂预装参考《国家电网公司变电验收管理规定（试行）第1分册 油浸式变压器（电抗器）验收细则》中的要求执行："A.3 变压器出厂验收（外观）标准卡：所有组附件应按照实际供货件装配完整"。

第十节 "防止无功补偿装置损坏事故"章节差异性解读

一、整体对比分析

《十八项反措》第10章"防止无功补偿装置损坏事故"对应《二十五项重点要求》第20章"防止串联电容器补偿装置和并联电容器装置事故"。《十八项反措》第10章"防止无功补偿装置损坏事故"共包含85条具体条款，《二十五项重点要求》第20章"防止串联电容器补偿装置和并联电容器装置事故"共包含56条具体条款。《十八项反措》与《二十五项重点要求》两者一致的要求有21项，存在差异性的要求有68项。

二、分条款对比分析

（一）两者要求一致的条款

《十八项反措》与《二十五项重点要求》两者一致的要求有21项，具体内容为：①关于串联电容器补偿装置对系统特性影响分析的要求；②关于串联电容器补偿装置进行次同步震荡影响分析的要求；③关于串联电容器补偿装置耐受能力的要求；④关于串联电容器补偿电容器结构的要求；⑤关于串联电容器补偿电容器耐爆容量和接线方式的要求；⑥关于串联电容器补偿装置平台上控制保护设备电源的要求；⑦关于串联电容器补偿平台上测量及控制箱体的要求；⑧关于串联电容器补偿装置平台上各种电缆的防护要求；⑨关于线路保护跳闸经长电缆联跳旁路断路器回路的要求；⑩关于串联电容器补偿装置停电检修设备接线方式的要求；⑪关于电容器组不平衡电流值的要求；⑫关于电容器耐爆容量的要求；⑬关于耐久性试验报告的要求；⑭关于放电线圈的相关要求；⑮关于电容器组过电压保护设备接线方式的要求；⑯关于电容器组过电压保护安装位置的要求；⑰关于电容器组保护计算方法和保护整定值的要求；⑱关于电容器例行停电试验的要求；⑲关于并联电容器用串联电抗器用于抑制谐波时的要求；⑳关于干式空心串联电抗器安装的要求；㉑关于干式空心电抗器匝间耐压试验的要求。

上述情况属于《十八项反措》与《二十五项重点要求》两者要求基本一致、表述稍有差别的条款，执行两者要求任何之一均可的条款，考虑到《十八项反措》与电网公司实际生产情况更契合，实际执行时，建议按照《十八项反措》要求即可。

（二）两者存在差异性的条款

《十八项反措》与《二十五项重点要求》两者存在差异性的要求有68项，分为下列五种情况。

1.《十八项反措》与《二十五项重点要求》中均有要求，但《十八项反措》要求更全面

此种情况涉及的要求有9项，具体内容为：①关于串联电容器绝缘介质平均电场强度的要求；②关于火花间隙强迫触发电压的要求；③关于光纤柱中包含的信号光纤和激光供能光纤的要求；④关于电容器之间连接线的要求；⑤关于火花间隙的要求；⑥关于并联电容器装置用断路器的要求；⑦关于通流容量的要求；⑧关于串联电抗器选用的要求；⑨关于电抗器安装结构的要求。

涉及此情况的差异属于《十八项反措》中对于同一问题的要求，相比较《二十五项重点要求》更全面、更细致精确，范围更广的条款，两者要求属于包含关系，与电网公司实际生产情况中的部分情况更匹配。实际执行时，参考电网企业要求，建议按照《十八项反措》要求执行。

重点内容说明：

（1）关于并联电容器装置用断路器的要求。

1）《十八项反措》原文表述为“12.1.1.2 断路器出厂试验前应进行不少于200次的机械操作试验（其中每100次操作试验的最后20次应为重合闸操作试验）。投切并联电容器、交流滤波器用断路器型式试验项目必须包含投切电容器组试验，断路器必须选用C2级断路器。真空断路器灭弧室出厂前应逐台进行老练试验，并提供老练试验报告；用于投切并联电容器的真空断路器出厂前应整台进行老练试验，并提供老练试验报告。断路器动作次数计数器不得带有复归机构。”

2）《二十五项重点要求》原文表述为“20.2.1.1 加强并联电容器装置用断路器（包括负荷开关等其他投切装置）的选型管理工作。所选用断路器型式试验项目必须包含投切电容器组试验。断路器必须为适合频繁操作且开断时重燃率极低的产品。如选用真空断路器，则应在出厂前进行高压大电流老练处理，厂家应提供断路器整体老练试验报告。”

3）分析说明：并联电容器装置用断路器操作频繁且开断时重燃率比普通出线间隔高，《十八项反措》对断路器试验项目、选型等要求更加具体，特别是对断路器的机械操作试验次数和内容作出了具体要求，实际执行时，参考电网企业要求，按照《十八项反措》要求执行。

（2）关于串联电抗器选用的要求。

1）《十八项反措》原文表述为"10.3.1.2 35kV及以下户内串联电抗器应选用干式铁芯或油浸式电抗器。户外串联电抗器应优先选用干式空心电抗器，当户外现场安装环境受限而无法采用干式空心电抗器时，应选用油浸式电抗器。"

2）《二十五项重点要求》原文表述为"20.2.4.2 室内宜选用铁芯电抗器。"

3）分析说明：干式空心电抗器的漏磁很大，如果安装在户内，导致周边屋顶发热问题较多，还会对同一建筑物内的通信、继电保护设备产生很大的电磁干扰，因此室内不应选用干式空心电抗器；干式铁芯电抗器由于受目前设计、制造工艺限制，选型无法满足户内大容量、高电压（66kV及以上）电容器组配置要求时，可选用油浸式电抗器。两者相差在于《十八项反措》对电抗器选型提出了较具体的要求，实际执行时，参考电网企业要求，按照《十八项反措》要求执行。

2.《十八项反措》中有要求，但《二十五项重点要求》中无要求

此种情况涉及的要求有36项，具体内容为：①关于新建串联电容器补偿装置的金属氧化物限压器（MOV）热备用容量的要求；②关于MOV电阻片应具备一致性的要求；③关于敞开式火花间隙距离的要求；④关于对串联电容器补偿平台下方地面的要求；⑤关于光纤损耗的要求；⑥关于串联电容器补偿装置出现故障时的要求；⑦关于MOV相关试验的要求；⑧关于火花间隙试验的要求；⑨关于电容器单元选型的要求；⑩关于防鸟害措施的要求；⑪关于电容器端子间或端子与汇流母线间的连接的要求；⑫关于电容器汇流母线的要求；⑬关于框架式并联电容器组户内安装的要求；⑭关于电容器室进风口和出风口的要求；⑮关于并联电容器装置正式投运的要求；⑯关于电容器接头接触的要求；⑰关于多组电容器投切策略的要求；⑱关于电容器室运行环境温度的要求；⑲关于户外装设的干式空心电抗器的要求；⑳关于干式空心并联电抗器防护措施的要求；㉑关于干式空心电抗器下方接地线的要求；㉒关于干式铁芯电抗器户内安装的要求；㉓关于干式并联电抗器投切策略的要求；㉔关于SVC晶闸管电压和电流裕度的要求；㉕关于晶闸管串联个数的冗余度的要求；㉖关于动态无功补偿装置设计要求的要求；㉗关于动态无功补偿装置功率模块的要求；㉘关于动态无功补偿装置备用光纤的要求；㉙关于SVC装置监控系统的要求；㉚关于动态无功补偿装置冷却系统的要求；㉛关于动态无功补偿装置连接的要求；㉜关于动态无功补偿装置本体电缆夹层的要求；㉝关于动态无功补偿装置交接验收的要求；㉞关于动态无功补偿装置散热的要求；㉟关于动态无功补偿装置投运后光纤检查的要求；㊱关于动态无功补偿装置例行维护检查的要求。

涉及此情况的差异大部分属于电网企业结合自身生产工作现状及近年来的现场案例总结提炼，且基本内容较新，均为2012版《十八项反措》基础上的新增条款，在《二十五项重点要求》中未提及该部分内容。实际执行时，参考电网企业要求，建议按照《十八项反措》要求执行。

重点内容说明：

（1）关于新建串联电容器补偿装置的MOV热备用容量的要求。

1）《十八项反措》原文表述为“10.1.1.9 新建串补装置的MOV热备用容量应大于10且不少于3单元/平台。”

2）《二十五项重点要求》无相关内容。

3）分析说明：两者相差在于《二十五项重点要求》中未提及该部分内容。当串联电容器补偿装置的MOV容量不足时，需要整相更换MOV，耗资及耗时大。因此在新建串联电容器补偿装置时热备用容量需增加。实际执行时，参考电网企业要求，按照《十八项反措》要求执行。

（2）关于MOV电阻片应具备一致性的要求。

1）《十八项反措》原文表述为“10.1.1.10 MOV的电阻片应具备一致性，整组MOV应在相同的工艺和技术条件下生产加工而成，并经过严格的配片计算以降低不平衡电流，同一平台每单元之间的分流系数宜不大于1.03，同一单元每柱之间的分流系数宜不大于1.05，同一平台每柱之间的分流系数应不大于1.1。”

2）《二十五项重点要求》无相关内容。

3）分析说明：MOV的一致性对MOV性能有很大的影响，需要保证MOV分流系数在较低的水平。《二十五项重点要求》中未提及该部分内容。实际执行时，参考电网企业要求，按照《十八项反措》要求执行。

（3）关于MOV相关试验的要求。

1）《十八项反措》原文表述为“10.1.3.3 应按三年的基准周期进行MOV的1mA/柱直流参考电流下直流参考电压试验及0.75倍直流参考电压下的泄漏电流试验。”

2）《二十五项重点要求》无相关内容。

3）分析说明：《十八项反措》强调在运维检修时MOV的试验中直流参考电流应为1mA/柱，而非1mA。《二十五项重点要求》中未提及该部分内容。实际执行时，参考电网企业要求，按照《十八项反措》要求执行。

（4）关于电容器单元选型的要求。

1）《十八项反措》原文表述为“10.2.1.1 电容器单元选型时应采用内熔丝结构，单台电容器保护应避免同时采用外熔断器和内熔丝保护。”

2）《二十五项重点要求》无相关内容。

3）分析说明：根据近六年的典型故障分析，外熔断器结构的电容器，在电容器单元内部第一个元件击穿后，由于电流增加很小，外熔断器并不会动作，电容元件击穿后未被隔离而继续运行，故障点内部燃弧产生气体累积压力可造成外壳炸裂的危险，全膜电容器的此类危险已减少但仍不能忽略。此外，电容器外熔断器性能、质量差别较大，暴露在户外及空气中的外熔断器易发生老化、锈蚀失效等问题，近年来各主要厂家内熔丝设计、质量水平已普遍提高。因此新增推荐使用内熔丝结构的电容器及运行中电容器外熔断器、内熔丝同时使用导致保护失效，应避免同时采用的工作内容。《二十五项重点要求》中未提及该部分内容。实际执行时，参考电网企业要求，按照《十八项反措》要求执行。

(5) 关于干式空心并联电抗器防护措施的要求。

1)《十八项反措》原文表述为“10.3.1.6 新安装的 35kV 及以上干式空心并联电抗器，产品结构应具有防鸟、防雨功能。”

2)《二十五项重点要求》无相关内容。

3) 分析说明：主要针对 35kV 及以上电压等级的户外用干式空心并联电抗器产品，干式空心并联电抗器层间间隙较大，如有鸟类等异物进入，往往会导致鸟类尸体等异物停留在电抗器内部层间，导致电位分布不均匀，长时间运行后容易引起电抗器沿面放电、局部过热、绝缘老化、匝间短路等故障发生。安装在户外的干式空心并联电抗器，如线圈包封长时间暴露在雨水直接淋射下，也容易引发外绝缘表面污湿放电及线圈长时间受潮后的绝缘老化加速，危害电抗器安全运行。《二十五项重点要求》中未提及该部分内容。实际执行时，参考电网企业要求，按照《十八项反措》要求执行。

(6) 关于干式空心电抗器下方接地线的要求。

1)《十八项反措》原文表述为“10.3.2.1 干式空心电抗器下方接地线不应构成闭合回路，围栏采用金属材料时，金属围栏禁止连接成闭合回路，应有明显的隔离断开段，并不应通过接地线构成闭合回路。”

2)《二十五项重点要求》无相关内容。

3) 分析说明：为避免干式空心电抗器的强磁场对周围铁构件的影响，周围的铁构件不应构成闭合回路，以免产生感应电流回路引起发热。《二十五项重点要求》中未提及该部分内容。实际执行时，参考电网企业要求，按照《十八项反措》要求执行。

3.《二十五项重点要求》中有要求，但《十八项反措》中无要求

此种情况涉及的要求有 19 项，具体内容为：①关于串联电容器放电电流试验的要求；②关于火花间隙动作次数的要求；③关于电流互感器安装位置的要求；④关于光纤柱内光缆损耗的要求；⑤关于验证控制保护系统的各种功能和操作的正确性的要求；⑥关于控制保护设备功能的要求；⑦关于串联电容器补偿装置控制保护的要求；⑧关于串联电容器补偿装置保护的要求；⑨关于安装串联电容器补偿装置的线路区内故障时的要求；⑩关于串联电容器补偿装置从热备用运行方式向冷备用运行方式操作过程中的要求；⑪关于串联电容器补偿装置从冷备用运行方式向热备用运行方式操作过程中的要求；⑫关于 MOV 直流参考电压试验中的要求；⑬关于红外检测的要求；⑭关于真空断路器的合闸弹跳和分闸反弹进行检测的要求；⑮关于电容器脉冲电流法局部放电试验的要求；⑯关于外熔断器的安装角度的要求；⑰关于已锈蚀、松弛的外熔断器的要求；⑱关于电容器保护整定时间的要求；⑲关于高压并联电容器工作场强控制的要求。

涉及此情况的差异主要属于两部分：一部分是目前已与电网企业关系不够密切，重点要求集中涉及发电企业的相关要求；另一部分是电网企业已将相关要求在其他规范标准中体现，并在每章节概述中说明，已无需在《十八项反措》中重点强调，或结合实际生产情况，统一标准后在《十八项反措》中删除该条款。针对《二十五项重点要求》中有要求，但在《十八项反措》中未提及的内容，实际执行时，建议参考电网企业要求，查阅相关规范标准，结合《二十五项重点要求》内容，综合分析具体情况后确定执行意见。

重点内容说明：

（1）关于串联电容器补偿装置从热备用运行方式向冷备用运行方式操作过程中的要求。

1）《十八项反措》无相关内容。

2）《二十五项重点要求》原文表述为“20.1.12.1 在串联电容器补偿装置从热备用运行方式向冷备用运行方式操作过程中，应先拉开平台相对高压侧串联电容器补偿隔离开关，后拉开平台相对低压侧串联电容器补偿隔离开关。”

3）分析说明：《十八项反措》中虽未提及该部分内容，但《静止无功补偿装置运行规程》（DL/T 1298—2013）中有详细说明，并在章节概述中说明，已无需在《十八项反措》中重点强调。实际执行时，建议参考电网企业要求，查阅相关规范标准，结合《二十五项重点要求》内容，综合分析具体情况后确定执行意见。

（2）关于串联电容器补偿装置从冷备用运行方式向热备用运行方式操作过程中的要求。

1）《十八项反措》无相关内容。

2）《二十五项重点要求》原文表述为“20.1.12.2 在串联电容器补偿装置从冷备用运行方式向热备用运行方式操作过程中，应先合入平台相对低压侧串联电容器补偿隔离开关，后合入平台相对高压侧串联电容器补偿隔离开关。”

3）分析说明：《十八项反措》中虽未提及该部分内容，但《静止无功补偿装置运行规程》（DL/T 1298—2013）中有详细说明，并在章节概述中说明，已无需在《十八项反措》中重点强调。实际执行时，建议参考电网企业要求，查阅相关规范标准，结合《二十五项重点要求》内容，综合分析具体情况后确定执行意见。

（3）关于红外检测的要求。

1）《十八项反措》无相关内容。

2）《二十五项重点要求》原文表述为“20.1.13 按照《输变电设备状态检修试验规程》（DL/T 393—2010）开展红外检测，定期进行红外成像精确测温检查，应重点检查电容器组引线接头、电容器外壳、MOV 端部以及串联电容器补偿装置平台上电流流过的其他主要设备。”

3）分析说明：《十八项反措》中未提及该部分内容，但《输变电设备状态检修试验规程》（DL/T 393—2010）已对红外检测有详细要求，实际执行时，建议参考电网企业要求，查阅相关规范标准，结合《二十五项重点要求》内容，综合分析具体情况后确定执行意见。

（4）关于电容器脉冲电流法局部放电试验的要求。

1）《十八项反措》无相关内容。

2）《二十五项重点要求》原文表述为“20.2.2.4.1 生产厂家应在出厂试验报告中提供每台电容器的脉冲电流法局部放电试验数据，放电量应不大于 50pC。”

3）分析说明：《十八项反措》中未提及该部分内容，但《输变电设备状态检修试验规程》（DL/T 393—2010）已对红外检测有详细要求，实际执行时，建议参考电网企业要求，查阅相关规范标准，结合《二十五项重点要求》内容，综合分析具体情况后确定执行意见。

4.《十八项反措》与《二十五项重点要求》中均有要求，但侧重点不同

此种情况涉及的要求有1项，具体内容为：关于串联电容器补偿平台上控制保护设备的要求。

涉及此情况的差异大部分属于同一类型下或同一情况不同方面的要求，此时两者虽面向的对象分类相同，但表述时侧重点不同，且要求内容不互为包含关系，两者相互补充，综合两者而言，提出了更全面的要求。实际执行时，原则上均需遵照执行，参考电网企业要求，同时按照《十八项反措》及《二十五项重点要求》要求执行。

5.《十八项反措》与《二十五项重点要求》中均有要求，但要求的具体标准不一致

此种情况涉及的要求有3项，具体内容为：①关于串联电容器补偿装置对保护装置的影响的要求；②关于MOV的能耗计算的要求；③关于故障录波装置的要求。

涉及此情况的差异属于《十八项反措》与《二十五项重点要求》中对于同一问题的要求，属于同一维度，但要求的具体标准不一致，两者相比较后必然存在一方标准更严格的情况。两者要求不属于包含关系，属于重叠情况，一般经常存在于涉及试验的要求中。实际执行时，参考电网企业要求，建议从严执行，选择两者中要求更为严格的标准执行。

重点内容说明：关于串联电容器补偿装置对保护装置的影响的要求。

1)《十八项反措》原文表述为“10.1.1.2 应考虑串联电容器补偿装置接入后对差动保护、距离保护、重合闸等继电保护功能的影响。”

2)《二十五项重点要求》原文表述为“20.1.2 应进行串联电容器补偿装置接入对线路继电保护、线路不平衡度等的影响分析，应确定串联电容器补偿装置的控制和保护配置、与线路继电保护的配合方式等措施，避免出现系统感性电抗小于串联电容器补偿容性电抗等继电保护无法适应的串联电容器补偿接入方式。”

3) 分析说明：两者相差在于《二十五项重点要求》详细阐述接入串联电容器补偿装置后，对继电保护、线路不平衡度的各种影响，以及其后果，相对于《十八项反措》要求更加严格，实际执行时，参考电网企业要求，按照《二十五项重点要求》要求执行。

第十一节 “防止互感器损坏事故”章节差异性解读

一、整体性对比

《十八项反措》第11章“防止互感器损坏事故”对应《二十五项重点要求》第12.8节“防止互感器事故”。《十八项反措》第11章“防止互感器损坏事故”共包含50条具体条款，《二十五项重点要求》第12.8节“防止互感器事故”共包含36条具体条款。《十八项反措》与《二十五项重点要求》两者一致的要求有7项，存在差异性的要求有57项。

二、分条款对比分析

（一）两者要求一致的条款

《十八项反措》与《二十五项重点要求》两者一致的要求有7项，具体内容为：①关于油浸式互感器选型的要求；②关于电容式电压互感器安装避雷器的要求；③关于电磁式电压互感器在交接试验的要求；④关于电容式电压互感器安装顺序的要求；⑤关于事故抢修的油浸式互感器的要求；⑥关于校核电流互感器动、热稳定电流的要求；⑦关于互感器一、二次端子的要求。

上述情况属于《十八项反措》与《二十五项重点要求》两者要求基本一致、表述稍有差别的条款，执行两者要求任何之一均可，考虑到《十八项反措》与电网公司实际生产情况更契合，实际执行时，建议按照《十八项反措》要求即可。

重点内容说明：关于互感器一、二次端子的要求。

1）《十八项反措》原文表述为“11.1.2.2 电流互感器一次端子承受的机械力不应超过生产厂家规定的允许值，端子的等电位连接应牢固可靠且端子之间应保持足够的电气距离，并应有足够的接触面积。

11.1.1.7 互感器的二次引线端子和末屏引出线端子应有防转动措施。”

2）《二十五项重点要求》原文表述为“12.8.1.15 互感器的一次端子引线连接端要保证接触良好，并有足够的接触面积，以防止产生过热性故障。一次接线端子的等电位连接必须牢固可靠。其接线端子之间必须有足够的安全距离，防止引线线夹造成一次绕组短路。

12.8.1.7 电流互感器的一次端子所受的机械力不应超过制造厂规定的允许值，其电气连接应接触良好，防止产生过热故障及电位悬浮。互感器的二次引线端子应有防转动措施，防止外部操作造成内部引线扭断。”

3）分析说明：两者都为关于防止互感器一次及二次端子在安装、检修过程中，进行拆接一次及二次引线工作时对引线端子造成的损坏。互感器的二次引线端子应有防转动结构，避免因端子转动导致内部引线受损和断裂。以上要求基本一致，表述稍有差别，实际执行时，按照《十八项反措》要求执行。

案例：某变电站母线220kV电流互感器进行检修后，投运时发生零序保护动作，造成严重后果。经检查发现是由于互感器检修工作时二次端子内部引线断裂引发事故。

（二）两者存在差异性的条款

《十八项反措》与《二十五项重点要求》两者存在差异性的要求有57项，分为下列五种情况。

1.《十八项反措》与《二十五项重点要求》中均有要求，但《十八项反措》要求更全面

此种情况涉及的要求有6项，具体内容为：①关于电流互感器的动、热稳定性能的要求；②关于电流互感器取油样的要求；③关于电容屏结构的气体绝缘电流互感器电容屏连接筒的要求；④关于互感器运输方式的要求：⑤关于气体绝缘电流互感器运输时气体压力

的要求；⑥关于气体绝缘互感器漏气处置的要求。

涉及此情况的差异属于《十八项反措》中对于同一问题的要求，相比较《二十五项重点要求》更全面、更细致精确，范围更广的条款，两者要求属于包含关系，与电网公司实际生产情况中的部分情况更匹配。实际执行时，参考电网企业要求，建议按照《十八项反措》要求执行。

重点内容说明：

（1）关于电容屏结构的气体绝缘电流互感器的要求。

1）《十八项反措》原文表述为“11.2.1.1 电容屏结构的气体绝缘电流互感器，电容屏连接筒应具备足够的机械强度，以免因材质偏软导致电容屏连接筒变形、移位。”

2）《二十五项重点要求》原文表述为“12.8.2.2 如具有电容屏结构，其电容屏连接筒应要求采用强度足够的铸铝合金制造，以防止因材质偏软导致电容屏连接筒移位。”

3）分析说明：气体绝缘对于场强的均匀性比较敏感，相同条件下，均匀场强和不均匀场强电场情况下气体的绝缘特性相差较大，不均匀场强气体的绝缘耐受电压较低，当连接筒移位和变形后，对场强的均匀性影响较大。两者相差在于《十八项反措》未局限电容屏连接筒的材质，实际执行时，参考电网企业要求，按照《十八项反措》要求执行。

案例：某500kV变电站发生多起SF_6绝缘电流互感器运行中击穿，经解体分析，认为其主要原因是该批产品的电容屏连接筒为铝板材压制，强度不够，在运输、安装等环节中易发生移位或变形，后全部更换成了强度高的铸铝合金材料。

（2）关于电流互感器取油样的要求。

1）《十八项反措》原文表述为“11.1.3.2 新投运的110（66）kV及以上电压等级电流互感器，1～2年内应取油样进行油中溶解气体组分、微水分析，取样后检查油位应符合设备技术文件的要求。对于明确要求不取油样的产品，确需取样或补油时应由生产厂家配合进行。”

2）《二十五项重点要求》原文表述为“12.8.1.14 对新投运的220kV及以上电压等级电流互感器，1～2年内应取油样进行油色谱、微水分析；对于厂家明确要求不取油样的产品，确需取样或补油时应由制造厂配合进行。”

3）分析说明：由于油净化工艺、绝缘件干燥不彻底等制造工艺造成的隐患，在电流互感器运行1～2年内发生问题的情况时有发生，因此，应在设备投运1～2年内进行油色谱和微水的测试工作。互感器属于少油设备，倒立式电流互感器油更少，取油过多可能会影响微正压状态。因此，每次取油时应严密注意膨胀器油位，如需补油，应由厂家补油或在厂家的指导下进行补油。

2.《十八项反措》中有要求，但《二十五项重点要求》中无要求

此种情况涉及的要求有28项，具体内容为：①关于串补装置接入后对继电保护功能影响的要求；②关于油浸式互感器膨胀器外罩的要求；③关于倒立式电流互感器允许最大取油量的要求；④关于电流互感器运输方式的要求；⑤关于电容式电压互感器电磁单元油箱排气孔的要求；⑥关于互感器安装的要求；⑦关于电流互感器末屏接地引出线的要求；⑧关于SF_6气体绝缘互感器选型的要求；⑨关于气体绝缘互感器的防爆装置的要求；⑩关于SF_6密度继电器与互感器设备本体之间的连接方式的要求；⑪关于气体绝缘互感器吊装

的要求；⑫关于电流互感器动热稳定性的要求；⑬关于互感器外绝缘的要求；⑭关于电子式电流互感器测量传输模块的要求；⑮关于电子式电流互感器传输回路的要求；⑯关于电子式互感器采集器的要求；⑰关于电子式电压互感器二次输出电压在短路消除后恢复时间的要求；⑱关于集成光纤后的光纤绝缘子的要求；⑲关于电子式互感器传输环节的要求；⑳关于电子式互感器交接时进行误差校准试验的要求；㉑关于电子式互感器现场投运前试验的要求；㉒关于电子式互感器更换器件后试验的要求；㉓关于电子式互感器在线监测装置的监视要求；㉔关于变电站户外电流互感器选型的要求；㉕关于110（66）kV及以上干式互感器出厂试验的要求；㉖关于电磁式干式电压互感器交接试验的要求；㉗关于环氧浇注干式互感器外绝缘的要求；㉘关于35kV及以下电压等级电磁式电压互感器发生熔断的要求。

涉及此情况的差异大部分属于电网企业结合自身生产工作现状及近年来的现场案例总结提炼，且基本内容较新，均为2012版《十八项反措》基础上的新增条款，在《二十五项重点要求》中未提及该部分内容。实际执行时，参考电网企业要求，建议按照《十八项反措》要求执行。

3.《二十五项重点要求》中有要求，但《十八项反措》中无要求

此种情况涉及的要求有14项，具体内容为：①关于互感器长期未带电运行投运前例行试验的要求；②关于电流互感器一次直阻的要求；③关于老型带隔膜式及气垫式储油柜的互感器的要求；④关于硅橡胶套管和加装硅橡胶伞裙的瓷套的要求；⑤关于存在缺陷的互感器的要求；⑥关于采用电磁单元为电源测量电容式电压互感器的电容分压器的要求；⑦关于开展互感器的精确测温工作的要求；⑧关于气体绝缘电流互感器监造验收的要求；⑨关于绝缘支撑件检验控制的要求；⑩关于设备出厂试验的要求；⑪关于设备运输的要求；⑫关于互感器气室压力检查及补气的要求；⑬关于SF_6气体含水量的要求；⑭关于SF_6充气设备故障处理的要求。

涉及此情况的差异主要属于两部分：一部分是目前已与电网企业关系不够密切，重点要求集中涉及发电企业的相关要求；另一部分是电网企业已将相关要求在其他规范标准中体现，并在每章节概述中说明，已无需在《十八项反措》中重点强调，或结合实际生产情况，统一标准后在《十八项反措》中删除该条款。针对《二十五项重点要求》中有要求，但在《十八项反措》中未提及的内容，实际执行时，建议参考电网企业要求，查阅相关规范标准，结合《二十五项重点要求》内容，综合分析具体情况后确定执行意见。

重点内容说明：关于绝缘支撑件检验控制的要求。

1）《十八项反措》无相关内容。

2）《二十五项重点要求》原文表述为“12.8.2.3 加强对绝缘支撑件的检验控制。”

3）分析说明：SF_6绝缘电流互感器内部绝缘支撑件承受机械应力和电气绝缘作用，是SF_6绝缘电流互感器内的重要部件，应确保支撑件满足在全电压下20h无局部放电的要求。此外，装配时应保证绝缘支撑件的工艺清洁度，确保其沿面的绝缘性能可靠。

4.《十八项反措》与《二十五项重点要求》中均有要求，但侧重点不同

此种情况涉及的要求有5项，具体内容为：①关于电容式电压互感器出厂前进行铁磁

谐振试验的要求；②关于互感器出厂局部放电试验的要求；③关于互感器出现电容单元渗漏油情况的要求；④关于电流互感器末屏接地引出线的要求；⑤关于气体绝缘电流互感器安装后老练试验的要求。

涉及此情况的差异大部分属于同一类型下或同一情况不同方面的要求，此时两者虽面向的对象分类相同，但表述时侧重点不同，且要求内容不互为包含关系，两者相互补充，综合两者而言，提出了更全面的要求。实际执行时，原则上均需遵照执行，参考电网企业要求，同时按照《十八项反措》及《二十五项重点要求》要求执行。

重点内容说明：

(1) 关于互感器出现电容单元渗漏油情况的要求。

1)《十八项反措》原文表述为“11.1.3.4 倒立式电流互感器、电容式电压互感器出现电容单元渗漏油情况时，应退出运行。”

2)《二十五项重点要求》原文表述为“12.8.1.18 运行人员正常巡视应检查记录互感器油位情况。对运行中渗漏油的互感器，应根据情况限期处理，必要时进行油样分析，对于含水量异常的互感器要加强监视或进行油处理。油浸式互感器严重漏油及电容式电压互感器电容单元漏油的应立即停止运行。”

3) 分析说明：渗漏油的互感器可能会导致外界水分的进入，引发事故。应重视倒立式油浸式互感器的巡视，少油设备发生渗漏油情况应及时处理，避免发生事故。两者相差在于《二十五项重点要求》规定的互感器类型更全面。两者侧重点不同，不互为包含，均需遵照执行。实际执行时，参考电网企业要求，按照《十八项反措》及《二十五项重点要求》要求执行。

(2) 关于电流互感器末屏接地引出线的要求。

1)《十八项反措》原文表述为“11.1.3.7 加强电流互感器末屏接地引线检查、检修及运行维护。”

2)《二十五项重点要求》原文表述为“12.8.1.24 加强电流互感器末屏接地检测、检修及运行维护管理。对结构不合理、截面偏小、强度不够的末屏应进行改造；检修结束后应检查确认末屏接地是否良好。”

3) 分析说明：互感器在投运前应注意检查各部位接地是否牢固可靠，如电流互感器的电容末屏接地、电磁式电压互感器高压绕组的接地端（X或N）接地、电容式电压互感器的电容分压器部分的低压端子的接地及互感器底座的接地等，严防出现内部悬空的假接地现象。

(3) 关于气体绝缘电流互感器安装后老练试验的要求。

1)《十八项反措》原文表述为“11.2.2.3 气体绝缘电流互感器安装后应进行现场老练试验，老练试验后进行耐压试验，试验电压为出厂试验值的80%。”

2)《二十五项重点要求》原文表述为“12.8.2.9 气体绝缘的电流互感器安装后应进行现场老练试验。老练试验后进行耐压试验，试验电压为出厂试验值的80%。条件具备且必要时还宜进行局部放电试验。”

3) 分析说明：在安装后进行现场老练试验和耐压试验以进行投运前最后的把关，排除运输、安装过程中可能造成的内部部件位移、变形和进入杂质等隐患。两者相差在于

《二十五项重点要求》增加还宜进行局部放电试验的要求，主要原因在于现场进行互感器类的局部放电测量，升压设备和现场干扰问题都不易解决，强制执行确有困难。

5.《十八项反措》与《二十五项重点要求》中均有要求，但要求的具体标准不一致

此种情况涉及的要求有4项，具体内容为：①关于油浸式电流互感器耐压试验的要求；②关于电流互感器运输的要求；③关于电流互感器异常状态的要求；④关于长期微渗的气体绝缘互感器的要求。

涉及此情况的差异属于《十八项反措》与《二十五项重点要求》中对于同一问题的要求，属于同一维度，但要求的具体标准不一致，两者相比较后必然存在一方标准更严格的情况。两者要求不属于包含关系，属于重叠情况，一般经常存在于涉及试验的要求中。实际执行时，参考电网企业要求，建议从严执行，选择两者中要求更为严格的标准执行。

重点内容说明：

（1）关于油浸式电流互感器耐压试验的要求。

1）《十八项反措》原文表述为“11.1.2.3　110（66kV）及以上电压等级的油浸式电流互感器，应逐台进行交流耐压试验。试验前应保证充足的静置时间，其中110（66）kV互感器不少于24h，220～330kV互感器不少于48h，500kV互感器不少于72h。试验前后应进行油中溶解气体对比分析。”

2）《二十五项重点要求》原文表述为“12.8.1.9 在交接试验时，对110（66kV）及以上电压等级的油浸式电流互感器，应逐台进行交流耐受电压试验，交流耐压试验前后应进行油中溶解气体分析。油浸式设备在交流耐压试验前要保证静置时间，110（66kV）设备静置时间不小于24h，220kV设备静置时间不小于48h，330kV和500kV设备静置时间不小于72h。”

3）分析说明：明确规定油浸式设备交流耐压试验前的静置时间要求，以保证在耐压试验时不会因为设备内部的气泡造成局部放电而对设备绝缘造成损坏。

（2）关于电流互感器运输的要求。

1）《十八项反措》原文表述为“11.1.2.6　220kV及以上电压等级电流互感器运输时应在每辆运输车上安装冲击记录仪，设备运抵现场后应检查确认，记录数值超过10g，应返厂检查。110kV及以下电压等级电流互感器应直立安放运输。”

2）《二十五项重点要求》原文表述为“12.8.1.11 电流互感器运输应严格遵照设备技术规范和制造厂要求，220kV及以上电压等级互感器运输应在每台产品（或每辆运输车）上安装冲撞记录仪，设备运抵现场后应检查确认，记录数值超过5g的，应经评估确认互感器是否需要返厂检查。”

3）分析说明：两者相差在于对记录数值要求不一致，且记录仪安装位置不一致，同时对特定电压等级设备的运输方式提出了要求。两者侧重点不同，不互为包含，均需遵照执行。实际执行时，参考电网企业要求，按照《十八项反措》及《二十五项重点要求》要求执行。

案例： 国内有几次电流互感器的故障与运输中受到强烈冲撞有关，这些互感器虽然又回到制造厂通过了相关试验，但仍在运行中发生爆炸事故。例如，运输中汽车翻倒或包装箱主梁断裂时，应考虑将电流互感器的主绝缘重绕，避免存在工厂常规试验中发现不了局部缺陷（如绝缘局部裂纹或二次引线管的局部移位开裂）。

（3）关于电流互感器异常状态的要求。

1）《十八项反措》原文表述为“11.1.3.3 运行中油浸式互感器的膨胀器异常伸长顶起上盖时，应退出运行。

11.1.3.5 电流互感器内部出现异常响声时，应退出运行。”

2）《二十五项重点要求》原文表述为“12.8.1.20 如运行中互感器的膨胀器异常伸长顶起上盖，应立即退出运行。当互感器出现异常响声时应退出运行。当电压互感器二次电压异常时，应迅速查明原因并及时处理。”

3）分析说明：两者相差在于《二十五项重点内容》规定当电压互感器二次电压异常时，应迅速查明原因并及时处理，《十八项反措》中未提及，《二十五项重点内容》要求更严格，实际执行时，按照《二十五项重点内容》要求执行。

（4）关于长期微渗的气体绝缘互感器的要求。

1）《十八项反措》原文表述为“11.2.3.2 长期微渗的气体绝缘互感器应开展 SF_6 气体微水检测和带电检漏，必要时可缩短检测周期。年漏气率大于1%时，应及时处理。”

2）《二十五项重点要求》原文表述为“12.8.2.10 运行中应巡视检查气体密度表，产品年漏气率应小于0.5%。

12.8.2.15 对长期微渗的互感器应重点开展 SF_6 气体微水量的检测，必要时可缩短检测时间，以掌握 SF_6 电流互感器气体微水量变化趋势。”

3）分析说明：两者相差在于对气体绝缘互感器 SF_6 年漏气率检测标准不同，《二十五项重点要求》要求更为严格，实际执行时，按照《二十五项重点要求》执行。

第十二节 “防止 GIS、开关设备事故”章节差异性解读

一、整体性对比

《十八项反措》第12章“防止 GIS、开关设备事故”对应《二十五项重点要求》第13章“防止 GIS、开关设备事故”。《十八项反措》第12章“防止 GIS、开关设备事故”共包含91条具体条款，《二十五项重点要求》第13章“防止 GIS、开关设备事故”共包含61条具体条款。《十八项反措》与《二十五项重点要求》两者一致的要求有7项，存在差异性的要求有101项。

二、分条款对比分析

（一）两者要求一致的条款

《十八项反措》与《二十五项重点要求》两者一致的要求有7项，具体内容为：①关于断路器、GIS本体内部的绝缘件局部放电试验与局部放电量的要求；②关于液压机构失压后防止断路器慢分慢合的要求；③关于 SF_6 开关设备抽真空处理的要求；④关于隔离开关与接地开关之间机械闭锁的要求；⑤关于隔离开关操作要求；⑥关于开关柜间连通部位封堵隔离措施要求；⑦关于开关柜内部的绝缘件局部放电试验与局部放电量的要求。

上述情况属于《十八项反措》与《二十五项重点要求》两者要求基本一致、表述稍有差别的条款，执行两者要求任何之一均可，考虑到《十八项反措》与电网公司实际生产情况更契合，实际执行时，建议按照《十八项反措》要求即可。

（二）两者存在差异性的条款

《十八项反措》与《二十五项重点要求》两者存在差异性的要求有101项，分为下列五种情况。

1.《十八项反措》与《二十五项重点要求》中均有要求，但《十八项反措》要求更全面

此种情况涉及的要求有18项，具体内容为：①关于断路器出厂前机械操作试验的要求；②关于开关设备用SF_6密度继电器的要求；③关于机构箱、汇控箱防潮驱潮装置的要求；④关于断路器防跳继电器与非全相继电器的要求；⑤关于断路器合闸电阻的要求；⑥关于断路器试验行程曲线测试、分合闸线圈电流波形测试的要求；⑦关于特殊环境下GIS布置方式的要求；⑧关于GIS气室的要求；⑨关于避雷器与电压互感器的要求；⑩关于断路器出厂前机械操作试验的要求；⑪关于断路器、GIS本体内部的绝缘件局部放电试验的要求；⑫关于GIS安装过程中导体插接情况的要求；⑬关于隔离开关制造厂内组装的要求；⑭关于隔离开关回路电阻测试的要求；⑮关于高压开关柜选型与带电显示装置的要求；⑯关于开关柜中的绝缘件材料阻燃性能的要求；⑰关于开关柜外部运行环境的要求；⑱关于开关柜泄压通道、压力释放装置的要求。

涉及此情况的差异属于《十八项反措》中对于同一问题的要求，相比较《二十五项重点要求》更全面、更细致精确，范围更广的条款，两者要求属于包含关系，与电网公司实际生产情况中的部分情况更匹配。实际执行时，参考电网企业要求，建议按照《十八项反措》要求执行。

重点内容说明：

（1）关于断路器出厂前机械操作试验的要求。

1）《十八项反措》原文表述为“12.2.1.11 GIS用断路器、隔离开关和接地开关以及罐式SF_6断路器，出厂试验时应进行……，200次操作完成后应彻底清洁壳体内部，再进行其他出厂试验。”

2）《二十五项重点要求》原文表述为“13.1.5 断路器、隔离开关和接地开关出厂试验时应进行……，200次操作完成后应彻底清洁壳体内部，再进行其他出厂试验。”

3）分析说明：两者相差在于《十八项反措》增加每断路器100次操作试验的最后20次应为重合闸操作试验，投切并联电容器、交流滤波器用断路器试验项目必须包含投切电容器组试验，选用C2级断路器，真空断路器老练试验等要求，实际执行时，按照《十八项反措》要求执行。

案例：某220kV变电站35kV设备断路器线路间隔与无功间隔均采用C1级断路器，由于无功间隔断路器AVC投切频繁，导致断路器停电试验时测得接触电阻超标，无法继续运行。

（2）关于断路器合闸电阻的要求。

1）《十八项反措》原文表述为“12.1.2.2 断路器产品出厂试验、交接试验及例行试验中，应对断路器主触头与合闸电阻触头的时间配合关系进行测试，并测量合闸电阻的

阻值。”

2）《二十五项重点要求》原文表述为“13.1.18 加强断路器合闸电阻的检测和试验，防止断路器合闸电阻缺陷引发故障。在断路器产品出厂试验、交接试验及例行试验中，应对断路器主触头与合闸电阻触头的时间配合关系进行测试，有条件时应测量合闸电阻的阻值。”

3）分析说明：两者相差在于《十八项反措》对于试验中测量合闸电阻的阻值提出了明确要求，而不是有条件时测量合闸电阻阻值。实际执行时，按照《十八项反措》要求执行。

案例：某220kV变电站220kV设备断路器合闸控制回路采用串接合闸电阻方式，某次停电检修过程中检修人员未对合闸电阻进行测量，实际合闸电阻已经损坏接近短路，导致断路器合闸时电流过大，合闸电阻损坏，合闸失败。

（3）关于特殊环境下GIS布置方式的要求。

1）《十八项反措》原文表述为“12.2.1.1 用于低温（年最低温度为－30℃及以下）、日温差超过25K、重污秽e级或沿海d级地区、城市中心区、周边有重污染源（如钢厂、化工厂、水泥厂等）的363kV及以下GIS，应采用户内安装方式，550kV及以上GIS经充分论证后确定布置方式。”

2）《二十五项重点要求》原文表述为“13.1.10 用于低温（最低温度为－30℃及以下）、重污秽e级或沿海d级地区的220kV及以下电压等级GIS，宜采用户内安装方式。”

3）分析说明：户外GIS设备安装在低温、日温差大、沿海、污秽等级高、污染源附近等地区时，易出现壳体锈蚀、漏气、汇控柜和机构箱漏雨、二次端子锈蚀等问题，造成安全隐患。将推荐采用户内安装的GIS电压等级有条件地扩大至500kV。实际执行时，按照《十八项反措》要求执行。

（4）关于GIS气室的要求。

1）《十八项反措》原文表述为“12.2.1.2 GIS气室应划分合理，并满足以下要求：

12.2.1.2.1 GIS最大气室的气体处理时间不超过8h。252kV及以下设备单个气室长度不超过15m，且单个主母线气室对应间隔不超过3个。

12.2.1.2.2 双母线结构的GIS，同一间隔的不同母线隔离开关应各自设置独立隔室。252kV及以上GIS母线隔离开关禁止采用与母线共隔室的设计结构。

12.2.1.2.3 三相分箱的GIS母线及断路器气室，禁止采用管路连接。独立气室应安装单独的密度继电器，密度继电器表计应朝向巡视通道。”

2）《二十五项重点要求》原文表述为“13.1.3 GIS在设计过程中应特别注意气室的划分，避免某处故障后劣化的SF_6气体造成GIS的其他带电部位的闪络，同时也应考虑检修维护的便捷性，保证最大气室气体量不超过8h的气体处理设备的处理能力。”

3）分析说明：两者相差在于《十八项反措》中对于气室划分更加细化，且增加对气室连接方式、密度继电器安装方式和朝向的要求。综合考虑故障后维修、处理气体的便捷性以及故障气体的扩散范围，将设备结构参量及气体总处理时间共同作为划分气室的重要因素，提高检修效率。实际执行时，按照《十八项反措》要求执行。

案例：某220kV变电站220kV组合电器设备由于母线侧刀闸气室发生放电导致接地

故障，由于采用母线刀闸与母线共气室结构，故障后母线气室受损，在设备检修过程中必须将母线停电。

2.《十八项反措》中有要求，但《二十五项重点要求》中无要求

此种情况涉及的要求有49项，具体内容为：①关于断路器分闸回路采用RC加速设计的要求；②关于开关设备二次回路及元件的要求；③关于断路器采用三相机械联动设备的要求；④关于双跳圈机构的断路器线圈的要求；⑤关于断路器合分闸控制回路中串接元件的要求；⑥关于隔离断路器与接地开关之间的联锁的要求；⑦关于断路器合分闸时间试验的要求；⑧关于SF_6断路器分合闸操作的要求；⑨关于投切无功负荷的开关设备运维的要求；⑩关于组合电器伸缩节的要求；⑪关于组合电器中带金属法兰的盆式绝缘子的要求；⑫关于户外GIS涂抹防水胶的要求；⑬关于GIS母线扩建的要求；⑭关于GIS吸附剂与吸附剂罩的要求；⑮关于GIS盆式绝缘子布置的要求；⑯关于三相机械联动隔离开关在从动相的要求；⑰关于GIS内部金属材料和部件材质的要求；⑱关于GIS出厂绝缘试验的要求；⑲关于GIS及罐式断路器罐体焊缝检测的要求；⑳关于GIS防爆膜的要求；㉑关于GIS充气口保护盖材质要求；㉒关于GIS出厂运输过程的要求；㉓关于设备二次电缆槽盒的要求；㉔关于GIS穿墙壳体防护的要求；㉕关于倒闸操作GIS三相电流不平衡的要求；㉖关于断路器、快速接地开关缓冲器漏油的要求；㉗关于根据运行环境选用配钳夹式触头的单臂伸缩式隔离开关的要求；㉘关于隔离开关主触头镀银层厚度、硬度及导电回路不同金属接触的要求；㉙关于隔离开关的触头选用与触头弹簧的要求；㉚关于隔离开关导电带的要求；㉛关于隔离开关和接地开关的不锈钢部件材质与疏水的要求；㉜关于单臂伸缩式隔离开关导电臂结构的要求；㉝关于防止隔离开关自动分闸的要求；㉞关于防止鸟类在隔离开关筑巢的要求；㉟关于隔离开关操动电动机电源的过载保护的要求；㊱关于隔离开关不符合国家电网公司《关于高压隔离开关订货的有关规定（试行）》（国家电网公司生产输变〔2004〕4号）完善化技术要求的要求；㊲关于瓷绝缘子胶装部位防水密封胶的要求；㊳关于开关柜元件凝露试验与整机污秽试验的要求；㊴关于开关柜压力释放通道装置的要求；㊵关于开关柜内的穿柜套管、触头盒屏蔽结构的要求；㊶关于开关柜内导体接触面镀银的要求；㊷关于开关柜内隔磁措施的要求；㊸关于电缆连接端子距离开关柜底部距离的要求；㊹关于开关柜观察窗的要求；㊺关于开关柜柜体开孔的要求关于开关柜周围设备布置的要求；㊻关于开关柜避雷器的要求；㊼关于开关柜柜门模拟显示图的要求；㊽关于柜内母线、电缆端子连接的要求；㊾关于开关柜操作的要求。

涉及此情况的差异大部分属于电网企业结合自身生产工作现状及近年来的现场案例总结提炼，且基本内容较新，均为2012版《十八项反措》基础上的新增条款，在《二十五项重点要求》中未提及该部分内容。实际执行时，参考电网企业要求，建议按照《十八项反措》要求执行。

重点内容说明：

（1）关于断路器采用三相机械联动设备的要求。

1）《十八项反措》原文表述为"12.1.1.7 新投的252kV母联（分段）、主变压器、高压电抗器断路器应选用三相机械联动设备。"

2）《二十五项重点要求》无相关内容。

3）分析说明：母联（分段）、主变压器、高抗回路不允许非全相运行。实际执行时，按照《十八项反措》要求执行。

（2）关于 GIS 盆式绝缘子布置的要求。

1）《十八项反措》原文表述为“12.2.1.9 盆式绝缘子应尽量避免水平布置。”

2）《二十五项重点要求》无相关内容。

3）分析说明：盆式绝缘子应尽量避免水平布置，尤其是避免凹面朝上，如断路器、隔离开关/接地开关具有插接式运动磨损部件的气室下部。实际执行时，按照《十八项反措》要求执行。

（3）关于 GIS 充气口保护盖材质要求。

1）《十八项反措》原文表述为“12.2.1.17 GIS 充气口保护封盖的材质应与充气口材质相同，防止电化学腐蚀。”

2）《二十五项重点要求》无相关内容。

3）分析说明：依据运行经验，对 GIS 充气口保护封盖材质提出要求，避免不同材质直接接触导致充气口发生电化学腐蚀将螺纹咬死。实际执行时，按照《十八项反措》要求执行。

（4）关于开关柜观察窗的要求。

1）《十八项反措》原文表述为“12.4.1.14 开关柜的观察窗应使用机械强度与外壳相当、内有接地屏蔽网的钢化玻璃遮板，并通过开关柜内部燃弧试验。玻璃遮板应安装牢固，且满足运行时观察分合闸位置、储能指示等需要。”

2）《二十五项重点要求》无相关内容。

3）分析说明：运行中经常发生开关柜内部故障后观察窗炸裂的情况，对运行巡视人员和检修人员人身安全带来风险，因此，对开关柜观察窗的材质及安装提出要求。实际执行时，按照《十八项反措》要求执行。

3.《二十五项重点要求》中有要求，但《十八项反措》中无要求

此种情况涉及的要求有 24 项，具体内容为：①关于 GIS、SF_6 断路器的选型、订货、安装调试、验收及投运的全过程管理的要求；②关于新订货断路器优先选用何种类型机构的要求；③关于机组并网用断路器的要求；④关于室内或地下布置的 GIS、SF_6 开关设备室 SF_6 泄漏报警、通风、检测系统的要求；⑤关于新装 GIS、罐式断路器耐压试验的要求；⑥关于新装 GIS 和罐式断路器投前相关试验的工作要求；⑦关于运行中的 GIS 和罐式断路器进行带电局部放电检测的要求；⑧关于断路器绝缘拉杆的要求；⑨关于开关设备外绝缘的要求；⑩关于阀针脱机装置的要求；⑪关于弹簧机构断路器机械特性试验的要求；⑫关于 SF_6 气体使用前检验的要求；⑬关于辅助开关的要求；⑭关于隔离开关电机电源的要求；⑮关于隔离开关手动操作力矩的要求；⑯关于隔离开关检查与转动部位用润滑脂的要求；⑰关于隔离开关巡视的要求；⑱关于隔离开关操作的要求；⑲关于隔离开关红外巡视的要求；⑳关于开关柜电缆封堵的要求；㉑关于开关柜操作推入柜内的要求；㉒关于开关柜局部放电检测的要求；㉓关于开关柜温度检测的要求；㉔关于开关柜巡视与状态评估的要求。

涉及此情况的差异主要是电网企业已将相关要求在其他规范标准中体现，并在每章节

概述中说明，已无需在《十八项反措》中重点强调，或结合实际生产情况，统一标准后在《十八项反措》中删除该条款。针对《二十五项重点要求》中有要求，但在《十八项反措》中未提及的内容，实际执行时，建议参考电网企业要求，查阅相关规范标准，结合《二十五项重点要求》内容，综合分析具体情况后确定执行意见。

4.《十八项反措》与《二十五项重点要求》中均有要求，但侧重点不同。

此种情况涉及的要求有5项，具体内容为：①关于SF_6气体的要求；②关于GIS断路器现场安装清洁度的要求；③关于隔离开关浇装部位防水密封胶与探伤的要求；④关于开关柜空气绝缘净距离的要求；⑤关于开关柜内避雷器、电压互感器等设备与母线连接，柜内活门接地的要求。

涉及此情况的差异大部分属于同一类型下或同一情况不同方面的要求，此时两者虽面向的对象分类相同，但表述时侧重点不同，且要求内容不互为包含关系，两者相互补充，综合两者而言，提出了更全面的要求。实际执行时，原则上均需遵照执行，参考电网企业要求，同时按照《十八项反措》及《二十五项重点要求》要求执行。

重点内容说明：

（1）关于SF_6气体的要求。

1）《十八项反措》原文表述为“12.1.2.4 充气设备现场安装应先进行抽真空处理，再注入绝缘气体。SF_6气体注入设备后应对设备内气体进行SF_6纯度检测。对于使用SF_6混合气体的设备，应测量混合气体的比例。”

2）《二十五项重点要求》原文表述为“13.1.20 SF_6气体注入设备后必须进行湿度试验，且应对设备内气体进行SF_6纯度检测，必要时进行气体成分分析。”

3）分析说明：两者相差在于《十八项反措》仅要求对SF_6气体进行纯度检测，《二十五项重点要求》额外要求湿度试验，同时《十八项反措》增加对使用SF_6混合气体的设备的试验要求。两者侧重点不同，不互为包含，均需遵照执行。实际执行时，按照《十八项反措》及《二十五项重点要求》要求执行。

案例：某220kV变电站110kV组合电器设备进行解体检修，检修人员仅对110kV组合电器进行抽真空处理后便注入SF_6气体，未进行SF_6气体微水试验便进行送电，由于注入的SF_6气体本身水分超标，组合电器内部吸附剂未完全吸附SF_6气体中水分，导致运行中发生放电。

（2）关于GIS断路器现场安装清洁度的要求。

1）《十八项反措》原文表述为“12.2.2.3 GIS、罐式断路器现场安装时应采取防尘棚等有效措施，确保安装环境的洁净度。800kV及以上GIS现场安装时采用专用移动厂房，GIS间隔扩建可根据现场实际情况采取同等有效的防尘措施。”

2）《二十五项重点要求》原文表述为“13.1.13 GIS、罐式断路器及500kV及以上电压等级的柱式断路器现场安装过程中，必须采取有效的防尘措施，如移动防尘帐篷等，GIS的孔、盖等打开时，必须使用防尘罩进行封盖。安装现场环境太差、尘土较多或相邻部分正在进行土建施工等情况下应停止安装。”

3）分析说明：两者相差在于《十八项反措》未对柱式断路器作出要求，未对GIS的孔、盖等打开时，使用防尘罩封盖作出要求，但对800kV及以上GIS现场安装作出要求，对 GIS 间隔扩建作出要求。两者侧重点不同，不互为包含，均需遵照执行。实际执行时，按照《十八项反措》及《二十五项重点要求》要求执行。

案例：某 500kV 变电站进行 500kV 罐式断路器安装，时值夏天晚上，断路器安装过程中未及时用防尘罩封盖封闭断路器孔、盖，断路器耐压试验时未通过，打开断路器孔、盖发现有许多飞虫的尸体位于断路器气室内部。

（3）关于开关柜空气绝缘净距离的要求。

1）《十八项反措》原文表述为“12.4.1.2.1 空气绝缘净距离应满足下表的要求：

电压等级/kV	7.2	12	24	40.5
相间和相对地/mm	≥100	≥125	≥180	≥300
带电体至门/mm	≥130	≥155	≥210	≥330

12.4.1.2.3 新安装开关柜禁止使用绝缘隔板。即使母线加装绝缘护套和热缩绝缘材料，也应满足空气绝缘净距离要求。”

2）《二十五项重点要求》原文表述为“13.3.1 高压开关柜应优先选择 LSC2 类（具备运行连续性功能）、‘五防’功能完备的产品，其外绝缘应满足以下条件：

空气绝缘净距离：不小于 125mm（对 12kV），不小于 300mm（对 40.5kV）。

爬电比距：不小于 18mm/kV（对瓷质绝缘），不小于 20mm/kV（对有机绝缘）。

如采用热缩套包裹导体结构，则该部位必须满足上述空气绝缘净距离要求；如开关柜采用复合绝缘或固体绝缘封装等可靠技术，可适当降低其绝缘距离要求。”

3）分析说明：两者相差在于《十八项反措》未对采用复合绝缘或固体绝缘封装等技术绝缘距离作出要求，但对于 7.2kV 与 24kV 电压等级开关柜空气绝缘净距离作出要求。两者侧重点不同，不互为包含，均需遵照执行。由于目前运行开关柜采用的绝缘隔板、热缩绝缘护套等绝缘材料阻燃性能不良，在开关柜内部绝缘故障时起火燃烧，造成火烧连营的严重后果。开关柜内用于加强绝缘的大量绝缘材料，在开关柜发生绝缘故障时极易扩大事故范围。实际执行时，按照《十八项反措》及《二十五项重点要求》要求执行。

案例：某 220kV 变电站 35kV 开关柜空气绝缘净距离不满足 300mm，采用加装绝缘隔板方式进行弥补，运行过程中，绝缘隔板受热，受绝缘隔板材质影响，长时间运行使绝缘隔板绝缘性能下降，造成柜内相间短路进而引起着火现象导致母线全停。

5.《十八项反措》与《二十五项重点要求》中均有要求，但要求的具体标准不一致

此种情况涉及的要求有 5 项，具体内容为：①关于断路器气动机构气水分离装置与排污装置的要求；②关于隔离开关探伤的要求；③关于隔离开关过死点的要求；④关于开关柜应选用 IAC 级别产品的要求；⑤关于开关柜带电显示闭锁装置的要求。

涉及此情况的差异属于《十八项反措》与《二十五项重点要求》中对于同一问题的要求，属于同一维度，但要求的具体标准不一致，两者相比较后必然存在一方标准更严格的情况。两者要求不属于包含关系，属于重叠情况，一般经常存在于涉及试验的要求中。实际执行时，参考电网企业要求，建议从严执行，选择两者中要求更为严格的标准执行。

第十三节 “防止电力电缆损坏事故”章节差异性解读

一、整体性对比

《十八项反措》第13章“防止电力电缆损坏事故”对应《二十五项重点要求》第17章“防止电力电缆损坏事故”与第2章“2.2防止电缆着火事故”。《十八项反措》第13章“防止电力电缆损坏事故”共包含60条具体条款，《二十五项重点要求》第17章“防止电力电缆损坏事故”共包含60条具体条款。《十八项反措》与《二十五项重点要求》两者一致的要求有18项，存在差异性的要求有47项。

二、分条款对比分析

（一）两者要求一致的条款

《十八项反措》与《二十五项重点要求》两者一致的要求有18项，具体内容为：①关于电缆的全过程管理及生产厂家的要求；②关于电缆生产工艺的要求；③关于电缆防潮性能的要求；④关于电缆屏蔽层、护层保护与接地的要求；⑤关于电缆通道、夹层、管孔的要求及电缆敷设的要求；⑥关于电缆金属护层接地电阻与端子接触电阻的要求；⑦关于金属护层的要求；⑧关于电缆支架、固定金具、排管的机械强度的要求；⑨关于电缆线路负荷和温度的检（监）测的要求；⑩关于电缆线路因温度变化产生位移的要求；⑪关于电缆线路故障后接地系统的要求；⑫关于电缆防盗措施的要求；⑬关于电缆防外力破坏的要求；⑭关于电缆防坠落物打击的要求；⑮关于电缆周边稳定性的要求；⑯关于电缆通道施工情况下防火的要求；⑰关于电缆通道、夹层内使用的临时电源的要求；⑱关于电缆通道、夹层内动火工作票的要求。

上述情况属于《十八项反措》与《二十五项重点要求》两者要求基本一致、表述稍有差别的条款，执行两者要求任何之一均可，考虑到《十八项反措》与电网公司实际生产情况更契合，实际执行时，建议按照《十八项反措》要求即可。

（二）两者存在差异性的条款

《十八项反措》与《二十五项重点要求》两者存在差异性的要求有47项，分为下列五种情况。

1.《十八项反措》与《二十五项重点要求》中均有要求，但《十八项反措》要求更全面

此种情况涉及的要求有10项，具体内容为：①关于电缆和附件结构型式的要求；②关于电缆、附件、终端选择的要求；③关于电缆试验的要求；④关于电缆接头位置布置的要求；⑤关于电缆监造与厂内验收的要求；⑥关于电缆到货验收与检测的要求；⑦关于电缆线路路径、附属设备及设施的要求；⑧关于公用通道中的电缆的要求；⑨关于盗窃易发地区的电缆巡视的要求；⑩关于电缆通道临近易燃、易爆或腐蚀性介质的存储容器、输送管道防护措施的要求。

涉及此情况的差异属于《十八项反措》中对于同一问题的要求，相比较《二十五项重点要求》更全面、更细致精确，范围更广的条款，两者要求属于包含关系，与电网公司实际生产情况中的部分情况更匹配。实际执行时，参考电网企业要求，建议按照《十八项反措》要求执行。

2.《十八项反措》中有要求，但《二十五项重点要求》中无要求

此种情况涉及的要求有15项，具体内容为：①关于电缆户外终端检修平台的要求；②关于电缆主绝缘耐压试验与局部放电测量的要求；③关于电缆终端尾管与电缆接头固定的要求；④关于电缆线路状态评价的要求；⑤关于人员密集区域瓷套终端的要求；⑥关于电缆舱体的要求；⑦关于电缆线路的防火设施的要求；⑧关于中性点非有效接地方式且允许带故障运行的电力电缆线路的要求；⑨关于隧道、竖井、变电站电缆层、建筑内电缆井防火的要求；⑩关于中性点接地方式的要求；⑪关于电缆固定装置的要求；⑫关于金属护层接地系统交接试验的要求；⑬关于电缆分布的要求；⑭关于新、扩建工程中的电缆选择与敷设的要求；⑮关于密集敷设电缆的要求。

涉及此情况的差异大部分属于电网企业结合自身生产工作现状及近年来的现场案例总结提炼，且基本内容较新，均为2012版《十八项反措》基础上的新增条款，在《二十五项重点要求》中未提及该部分内容。实际执行时，参考电网企业要求，建议按照《十八项反措》要求执行。

3.《二十五项重点要求》中有要求，但《十八项反措》中无要求

此种情况涉及的要求有10项，具体内容为：①关于电缆固定装置的要求；②关于金属护层接地系统交接试验的要求；③关于电缆分布的要求；④关于新、扩建工程中的电缆选择与敷设的要求；⑤关于密集敷设电缆的要求；⑥关于新、扩建工程中的电缆选择与敷设的要求；⑦关于缝隙采用合格的不燃或阻燃材料封堵的要求；⑧关于防火隔离的要求；⑨关于电缆应有隔热措施的要求；⑩关于电缆与热体管路应保持足够距离的要求。

涉及此情况的差异主要属于两部分：一部分是目前已与电网企业关系不够密切，重点要求集中涉及发电企业的相关要求；另一部分是电网企业已将相关要求在其他规范标准中体现，并在每章节概述中说明，已无需在《十八项反措》中重点强调，或结合实际生产情况，统一标准后在《十八项反措》中删除该条款。针对《二十五项重点要求》中有要求，但在《十八项反措》中未提及的内容，实际执行时，建议参考电网企业要求，查阅相关规范标准，结合《二十五项重点要求》内容，综合分析具体情况后确定执行意见。

4.《十八项反措》与《二十五项重点要求》中均有要求，但侧重点不同

此种情况涉及的要求有5项，具体内容为：①关于直埋通道标志的要求；②关于电缆通道敷设的要求；③关于电缆阻燃的要求；④关于非直埋电缆接头的外护层及接地线防火的要求；⑤关于接头防火的要求。

涉及此情况的差异大部分属于同一类型下或同一情况不同方面的要求，此时两者虽面向的对象分类相同，但表述时侧重点不同，且要求内容不互为包含关系，两者相互补充，综合两者而言，提出了更全面的要求。实际执行时，原则上均需遵照执行，参考电网企业要求，同时按照《十八项反措》及《二十五项重点要求》要求执行。

5.《十八项反措》、《二十五项重点要求》中均有要求，但要求的具体标准不一致

此种情况涉及的要求有7项，具体内容为：①关于电缆运输过程的要求；②关于电缆

安装环境的要求；③关于电缆金属护层接地检测的要求；④关于电缆通道及直埋电缆线路工程施工标准的要求；⑤关于变电站夹层温度、烟气监视报警器、电缆隧道火灾探测报警装置的要求；⑥关于运维部门防火工作的要求；⑦关于通道巡检的要求。

涉及此情况的差异属于《十八项反措》与《二十五项重点要求》中对于同一问题的要求，属于同一维度，但要求的具体标准不一致，两者相比较后必然存在一方标准更严格的情况。两者要求不属于包含关系，属于重叠情况，一般经常存在于涉及试验的要求中。实际执行时，参考电网企业要求，建议从严执行，选择两者中要求更为严格的标准执行。

第十四节　“防止接地网和过电压事故”章节差异性解读

一、整体对比分析

《十八项反措》第14章“防止接地网和过电压事故”对应《二十五项重点要求》第14章“防止接地网和过电压事故”。《十八项反措》第14章“防止接地网和过电压事故”共包含42条具体条款，《二十五项重点要求》第14章“防止接地网和过电压事故”共包含30条具体条款。《十八项反措》与《二十五项重点要求》两者一致的要求有9项，存在差异性的要求有39项。

二、分条款对比分析

（一）两者要求一致的条款

《十八项反措》与《二十五项重点要求》两者一致的要求有9项，具体内容为：①关于接地引下线热稳定的要求；②关于变压器、主设备及设备架构等与主地网连接的要求；③关于接地装置连接的要求；④关于高土壤电阻率地区接地网的要求；⑤关于已投运接地网热稳定容量的要求；⑥关于架空输电线路防雷措施的要求；⑦关于避雷线运行维护工作的要求；⑧关于避雷针、变电站构架和带避雷线的杆塔的使用要求；⑨关于切合110kV及以上有效接地系统中性点不接地空载变压器的要求。

上述情况属于《十八项反措》与《二十五项重点要求》两者要求基本一致、表述稍有差别的条款，执行两者要求任何之一均可，考虑到《十八项反措》与电网公司实际生产情况更契合，实际执行时，建议按照《十八项反措》要求即可。

（二）两者存在差异性的条款

《十八项反措》与《二十五项重点要求》两者存在差异性的要求有39项，分为下列四种情况。

1.《十八项反措》与《二十五项重点要求》中均有要求，但《十八项反措》要求更全面

此种情况涉及的要求有8项，具体内容为：①关于接地网开挖检查的要求；②关于进出线间隔入口处加装金属氧化物避雷器的要求；③关于防止在有效接地系统中出现孤立不接地系统并产生较高工频过电压异常运行工况的要求；④关于调谐试验的要求；⑤关于自

动调谐消弧线圈的要求；⑥关于在不接地和谐振接地系统中发生单相接地故障时的要求；⑦关于避雷器应安装与电压等级相符的交流泄漏电流监测装置的要求；⑧关于金属氧化物避雷器进行带电试验的要求。

涉及此情况的差异属于《十八项反措》中对于同一问题的要求，相比较《二十五项重点要求》更全面、更细致精确，范围更广的条款，两者要求属于包含关系，与电网公司实际生产情况中的部分情况更匹配。实际执行时，参考电网企业要求，建议按照《十八项反措》要求执行。

重点内容说明：关于避雷器应安装与电压等级相符的交流泄漏电流监测装置的要求。

1）《十八项反措》原文表述为“14.6.1.1 110（66）kV 及以上电压等级……”。

2）《二十五项重点要求》原文表述为“14.6.3 110kV 及以上电压等级……对已安装在线监测表计的避雷器，有人值班的变电站每天至少巡视一次，每半月记录一次，并加强数据分析。无人值班变电站可结合设备巡视周期进行巡视并记录，强雷雨天气后应进行特巡。”

3）分析说明：两者相差在于是否有对 66kV 电压等级避雷器安装与电压等级相符的交流泄漏电流监测装置的要求，实际执行时，鉴于避雷器常规巡视周期要求在国家电网公司变电运维管理规定和细则中已有明确规定，参考电网企业要求，按照《十八项反措》要求执行。

2.《十八项反措》中有要求，但《二十五项重点要求》中无要求

此种情况涉及的要求有 21 项，具体内容为：①关于土壤电阻率测试深度的要求；②关于分流系数影响的要求；③关于改造为低电阻接地方式时接地阻抗值和热稳定性的要求；④关于接地网材料唯一性的要求；⑤关于二次等电位接地网的要求；⑥关于采用分流向量法进行接地阻抗测试的要求；⑦关于线路按段进行雷害风险评估的要求；⑧关于线路区段保护角设计值的要求；⑨关于杆塔接地电阻设计值的要求；⑩关于雷雨季节前开展接地电阻测试的要求；⑪关于雷雨季节前记录避雷器计数器读数的要求；⑫关于中压侧有空载运行可能的变压器的要求；⑬关于强风地区变电站避雷器采取差异化设计的要求；⑭关于瓷外套避雷器安装前检查避雷器上下法兰的要求；⑮关于运行 15 年及以上的避雷器的要求；⑯关于构架避雷针设计的要求；⑰关于构架避雷针结构型式的要求；⑱关于在严寒大风地区变电站的避雷针设计的要求；⑲关于钢管避雷针底部设置有效排水孔的要求；⑳关于非高土壤电阻率地区独立避雷针接地电阻的要求；㉑关于独立避雷针接地装置接地阻抗的要求。

涉及此情况的差异大部分属于电网企业结合自身生产工作现状及近年来的现场案例总结提炼，且基本内容较新，均为 2012 版《十八项反措》基础上的新增条款，在《二十五项重点要求》中未提及该部分内容。实际执行时，参考电网企业要求，建议按照《十八项反措》要求执行。

3.《二十五项重点要求》中有要求，但《十八项反措》中无要求

此种情况涉及的要求有 8 项，具体内容为：①关于接地网改善的要求；②关于扩建工程设计中热稳定容量的要求；③关于接地网确认验收的要求；④关于线路全线架设双地线或地线的要求；⑤关于土壤电阻率较高地段杆塔的要求；⑥关于防止 110kV 及以

上电压等级断路器断口均压电容与母线电磁式电压互感器发生谐振过电压的要求；⑦关于防止中性点非直接接地系统发生由于电磁式电压互感器饱和产生铁磁谐振过电压对10kV及以下用户电压互感器一次中性点的要求；⑧关于避雷器交流泄漏电流测试周期的要求。

涉及此情况的差异主要属于两部分：一部分是目前已与电网企业关系不够密切，重点要求集中涉及发电企业的相关要求；另一部分是电网企业已将相关要求在其他规范标准中体现，并在每章节概述中说明，已无需在《十八项反措》中重点强调，或结合实际生产情况，统一标准后在《十八项反措》中删除该条款。针对《二十五项重点要求》中有要求，但在《十八项反措》中未提及的内容，实际执行时，建议参考电网企业要求，查阅相关规范标准，结合《二十五项重点要求》内容，综合分析具体情况后确定执行意见。

4.《十八项反措》与《二十五项重点要求》中均有要求，但要求的具体标准不一致

此种情况涉及的要求有2项，具体内容为：①关于110（66）kV及以上电压等级新建、改建变电站针对不同土壤所选接地网材质的要求；②关于电容电流测试的要求。

涉及此情况的差异属于《十八项反措》与《二十五项重点要求》中对于同一问题的要求，属于同一维度，但要求的具体标准不一致，两者相比较后必然存在一方标准更严格的情况。两者要求不属于包含关系，属于重叠情况，一般经常存在于涉及试验的要求中。实际执行时，参考电网企业要求，建议从严执行，选择两者中要求更为严格的标准执行。

重点内容说明：

（1）关于110（66）kV及以上电压等级新建、改建变电站针对不同土壤所选接地网材质的要求。

1）《十八项反措》原文表述为“14.1.1.2……（铜层厚度不小于0.25mm）……”

2）《二十五项重点要求》原文表述为“14.1.2……（铜层厚度不小于0.8mm）……铜材料间或铜材料与其他金属间的连接，须采用放热焊接，不得采用电弧焊接或压接。”

3）分析说明：两者相差在于铜覆钢的铜层厚度，依据《电力工程接地用铜覆钢技术条件》（DL 1312—2013）的要求进行修改，将铜层厚度由0.8mm改为0.25mm，实际执行时，参考电网企业及最新行业技术标准要求，按照《十八项反措》要求执行。

（2）关于电容电流测试的要求。

1）《十八项反措》原文表述为“14.5.1对于中性点不接地或谐振接地的6～66kV系统，应根据电网发展每1～3年进行一次电容电流测试。当单相接地电容电流超过相关规定时……”

2）《二十五项重点要求》原文表述为“14.5.1对于中性点不接地的6～35kV系统，应根据电网发展每3～5年进行一次电容电流测试。当单相接地故障电容电流超过《交流电气装置的过电压保护和绝缘配合》（DL/T 620—1997）规定时……”

3）分析说明：两者相差在于电容电流测试时间及适用系统的要求，实际执行时，参考《国网运检部关于进一步加强消弧线圈设备运维管理工作的通知》（运检三〔2014〕113号文件）中要求，对电容电流测试提出对于中性点不接地、谐振接地的6～66kV系统，应根据电网发展每1～3年进行一次电容电流测试，按照《十八项反措》要求执行。

第十五节 “防止继电保护事故”章节差异性解读

一、整体性对比

《十八项反措》第15章“防止继电保护事故”对应《二十五项重点要求》第18章“防止继电保护事故”。《十八项反措》第15章“防止继电保护事故”中包含“规划设计阶段应注意的问题”“继电保护配置应注意的问题”“基建调试及验收应注意的问题”“运行管理应注意的问题”“定值管理应注意的问题”“二次回路应注意的问题”“智能站保护应注意的问题”等七部分内容共131条具体条款，《二十五项重点要求》第18章“防止继电保护事故”内容共77条具体条款。《十八项反措》与《二十五项重点要求》两者一致的要求有16项，存在差异性的要求有106项。

二、分条款对比分析

（一）两者要求一致的条款

《十八项反措》与《二十五项重点要求》两者一致的要求有16项，具体内容为：

（1）“规划设计阶段应注意的问题”中：①关于纵联保护通道的要求；②关于“其他保护停信”回路的要求；③关于主设备非电量保护的要求；④关于500kV及以上电压等级变压器低压侧的保护配置与设计的要求。

（2）“继电保护配置应注意的问题”中关于双重化配置的继电保护与其他保护、设备配合回路的要求。

（3）“基建调试及验收应注意的问题”中：①关于新建、扩建、技改工程工期的要求；②关于新设备投产时继电保护启动方案的要求。

（4）“运行管理应注意的问题”中：①关于继电保护和安全自动装置运行维护工作的要求；②关于继电保护通道的要求；③关于继电保护试验仪器、仪表的管理工作的要求；④关于相关专业人员在继电保护回路工作的要求。

（5）“定值管理应注意的问题”中：①关于继电保护的整定计算的要求；②关于发电厂继电保护整定计算的要求。

（6）“二次回路应注意的问题”中：①关于二次寄生回路的要求；②关于二次回路电缆敷设的要求；③关于经长电缆跳闸的回路的要求。

上述情况属于《十八项反措》与《二十五项重点要求》两者要求基本一致、表述稍有差别的条款，执行两者要求任何之一均可，考虑到《十八项反措》与电网公司实际生产情况更契合，实际执行时，建议按照《十八项反措》要求即可。

（二）两者存在差异性的条款

《十八项反措》与《二十五项重点要求》两者存在差异性的要求有106项，分为下列五种情况。

1.《十八项反措》与《二十五项重点要求》中均有要求，但《十八项反措》要求更全面

此种情况涉及的要求有17项，具体内容为：

（1）“规划设计阶段应注意的问题”中：①关于继电保护装置的配置和选型的要求；②关于继电保护组屏设计的要求；③关于电流互感器相关特性的要求；④关于电流互感器配置和二次绕组分配的要求。

（2）“继电保护配置应注意的问题”中：①关于双重化配置保护装置的交流回路的要求；②关于两套保护装置的直流电源的要求；③关于零序功率方向元件的要求；④关于变压器、电抗器的非电量保护的要求。

（3）“基建调试及验收应注意的问题”中关于基建单位提供资料的要求。

（4）“运行管理应注意的问题”中：①关于电流回路投运前检查的要求；②关于母线保护运行方案的要求。

（5）“二次回路应注意的问题”中：①关于提高继电保护装置的抗干扰能力的要求；②关于二次回路电缆的要求；③关于开关场接地铜排的要求；④关于纵联保护用高频结合滤波器接地的要求；⑤关于保护室与通信室之间电缆的要求；⑥关于直流系统管理的要求。

涉及此情况的差异属于《十八项反措》中对于同一问题的要求，相比较《二十五项重点要求》更全面、更细致精确，范围更广的条款，两者要求属于包含关系，与电网公司实际生产情况中的部分情况更匹配。例如：关于继电保护装置的配置和选型的要求中，《十八项反措》增加了保护需经国家电网公司组织的专业检测合格的要求；关于电流互感器相关特性的要求中，《十八项反措》明确了电流互感器相关特性宜一致的适用范围，并解释了原因；实际执行时，参考电网企业要求，建议按照《十八项反措》要求执行。

2.《十八项反措》中有要求，但《二十五项重点要求》中无要求

此种情况涉及的要求有51项，具体内容为：

（1）“规划设计阶段应注意的问题”中：①关于电压切换箱隔离开关辅助触点的要求；②关于互感器选型的要求；③关于母线差动保护电流互感器变比的要求；④关于保护用电流互感器的要求；⑤关于保护装置和测控装置配置的要求；⑥关于保护集成配置的要求；⑦关于安装环境对保护装置性能及寿命的影响的要求；⑧关于故障录波器配置的要求；⑨关于故障录波器监视直流系统的要求；⑩关于继电保护相关辅助设备供电的要求。

（2）“继电保护配置应注意的问题”中：①关于继电保护的设计、选型、配置的要求；②关于压力闭锁继电器的要求；③关于双重化配置的两套保护装置的通道的要求；④关于双重化配置的保护厂家的要求；⑤关于220kV及以上电压等级的线路保护的要求；⑥关于保护反应区内故障的要求；⑦关于远距离、重负荷线路及事故过负荷等情况的保护的要求；⑧关于合电流的保护装置的要求；⑨关于断路器失灵保护中用于判断断路器主触头状态的电流判别元件的要求；⑩关于变压器的高压侧后备保护的要求；⑪关于变压器的低压侧保护的要求；⑫关于110（66）kV及以上电压等级的母联、分段断路器保护的要求；⑬关于220kV及以上电压等级变压器、发变组的断路器失灵保护的要求；⑭关于防跳继电器、三相位置不一致保护的要求。

（3）“基建调试及验收应注意的问题”中：①关于基建验收标准及时间安排的要求；

②关于新投设备做整组试验时的要求；③关于站端后台及调度端信号的要求。

(4) “运行管理应注意的问题”中：①关于二次设备在线监视与分析系统的要求；②关于微机保护装置软件版本管理的要求；③关于保护装置远方投退压板、远方切换定值区功能的要求；④关于载波作为纵联保护通道的要求。

(5)“定值管理应注意的问题”中：①关于线路后备保护的要求；②关于中、低压侧并列运行的变压器后备保护的要求。

(6)“二次回路应注意的问题”中：①关于分散布置保护小室地网连接的要求；②关于微机保护和控制装置的屏接地铜排的要求；③关于直流电源系统绝缘监测装置的平衡桥和检测桥的接地的要求；④关于二次电缆的开关场就地端子箱的要求；⑤关于结合滤波器接地的要求；⑥关于结合滤波器至通信室的高频电缆的要求；⑦关于线路纵联保护光电转换设备至光通信设备光电转换接口装置之间铜缆的要求；⑧关于金属电缆托盘（架）的要求；⑨关于二次回路电缆敷设的要求；⑩关于继电保护二次回路的接地的要求；⑪关于独立的、与其他互感器二次回路没有电气联系的电流互感器接地的要求；⑫关于电流回路中过电压保护器的要求；⑬关于微机保护抗电磁骚扰水平和防护等级的要求；⑭关于继电保护及安全自动装置抗干扰能力的要求；⑮关于直接跳闸回路的要求；⑯关于控制系统与继电保护的直流电源配置的要求；⑰关于继电保护使用的直流系统的要求；⑱关于交流电压回路空气开关的要求。

《十八项反措》中特别提出了“智能站保护应注意的问题”内容，在《二十五项重点要求》中未提及该部分内容。其他涉及此情况的差异大部分属于电网企业结合自身生产工作现状以及运维经验总结提炼，且基本内容较新，在《二十五项重点要求》中未提及，实际执行时，参考电网企业要求，建议按照《十八项反措》要求执行。

3.《二十五项重点要求》中有要求，但《十八项反措》中无要求

此种情况涉及的要求有 26 项，具体内容为：①关于纵联保护的通道、远方跳闸及就地判别装置配置的要求；②关于 100MW 及以上容量发电机—变压器组应按双重化原则的要求；③关于保护装置直流空气开关、交流空气开关的要求；④关于继电保护及相关设备的端子排的要求；⑤关于母线、失灵保护复合电压闭锁的要求；⑥关于启动失灵保护的要求；⑦关于故障录波器接入信号的要求；⑧关于发电厂升压站监控系统的要求；⑨关于发电机—变压器组的阻抗保护的要求；⑩关于发电机定子接地保护的要求；⑪关于发电机匝间保护的要求；⑫关于发电机带励磁失步振荡故障的应急措施的要求；⑬关于发电机的失磁保护的要求；⑭关于 300MW 及以上容量发电机保护配置的要求；⑮关于 200MW 及以上容量发电机配置故障录波器的要求；⑯关于发电厂的辅机设备及其电源的要求；⑰关于装设静态型、微机型继电保护装置和收发信机的厂、站接地电阻的要求；⑱关于失灵保护装置工作电源的要求；⑲关于双重化配置的保护装置整组传动验收的要求；⑳关于大型发电机高频、低频保护整定计算的要求；㉑关于发电机负序电流保护的要求；㉒关于发电机励磁绕组过负荷保护的要求；㉓关于微机型继电保护及安全自动装置的软件版本和结构配置文件修改、升级的要求；㉔关于备用电源自动投入装置的管理的要求；㉕关于二次回路作业的要求；㉖关于故障录波器打印报告的要求。

涉及此情况的差异主要属于两部分：一部分是目前已与电网企业关系不够密切，重点

要求集中涉及发电企业的相关要求；另一部分是电网企业已将相关要求在其他规范标准中体现，并在每章节概述中说明，已无需在《十八项反措》中重点强调，或结合实际生产情况，统一标准后在《十八项反措》中删除该条款。例如：关于母线、失灵保护复合电压闭锁的要求，在《变压器高压并联电抗器和母线保护及辅助装置标准化设计规范》（Q/GDW 1175—2013）中有更加具体的要求，未在本部分内容再做体现。针对《二十五项重点要求》中有要求，但在《十八项反措》中未提及的内容，实际执行时，建议参考电网企业要求，查阅相关规范标准，结合《二十五项重点要求》内容，综合分析具体情况后确定执行意见。

4.《十八项反措》与《二十五项重点要求》中均有要求，但侧重点不同

此种情况涉及的要求有10项，具体内容为：

（1）“规划设计阶段应注意的问题”中：①关于继电保护规划、设计、运行、管理的要求；②关于电流互感器的容量、变比和特性的要求。

（2）“继电保护配置应注意的问题”中：①关于双重化配置的继电保护的要求；②关于变压器过励磁保护的要求。

（3）“基建调试及验收应注意的问题”中：①关于保护整组检查的要求；②关于二次设备与一次设备同期投入的要求。

（4）“运行管理应注意的问题”中关于防止继电保护“三误”事故的要求。

（5）“二次回路应注意的问题”中：①关于保护室内的等电位地网的要求；②关于电流互感器或电压互感器的二次回路接地的要求；③关于未在开关场接地的电压互感器二次回路接地的要求。

涉及此情况的差异大部分属于同一类型下或同一情况不同方面的要求，此时两者虽面向的对象分类相同，但表述时侧重点不同，且要求内容不互为包含关系，两者相互补充，综合两者而言，提出了更全面的要求。实际执行时，原则上均需遵照执行，参考电网企业要求，同时按照《十八项反措》及《二十五项重点要求》要求执行。

重点内容说明：

（1）关于保护整组检查的要求。

1）《十八项反措》原文表述为“15.3.3.3 必须进行所有保护整组检查，模拟故障检查保护与硬（软）压板的唯一对应关系，避免有寄生回路存在。”

2）《二十五项重点要求》原文表述为“18.9.2 新建、扩建、改建工程除完成各项规定的分步试验外，还必须进行所有保护整组检查，模拟故障检查保护连接片的唯一对应关系，模拟闭锁触点动作或断开来检查其唯一对应关系，避免有任何寄生回路存在。”

3）分析说明：两者相差在于《十八项反措》强调检查保护与硬（软）压板的唯一对应关系，《二十五项重点要求》增加了对闭锁触点动作情况的检查。

（2）关于二次设备与一次设备同期投入的要求。

1）《十八项反措》原文表述为“15.3.3.6 应保证继电保护装置、安全自动装置以及故障录波器等二次设备与一次设备同期投入。”

2）《二十五项重点要求》原文表述为“18.9.7 新建、扩建、改建工程中应同步建设或完善继电保护故障信息管理系统，并严格执行国家有关网络安全的相关规定。”

3）分析说明：《十八项反措》强调各种二次设备与一次设备同期投入，《二十五项重点要求》强调严格执行国家有关网络安全的相关规定。

（3）关于防止继电保护“三误”事故的要求。

1）《十八项反措》原文表述为“15.4.1 严格执行继电保护现场标准化作业指导书，规范现场安全措施，防止继电保护‘三误’事故。”

2）《二十五项重点要求》原文表述为“18.10.7 严格执行工作票制度和二次工作安全措施票制度，规范现场安全措施，防止继电保护‘三误’事故……”

3）分析说明：《十八项反措》强调严格执行继电保护现场标准化作业指导书，《二十五项重点要求》强调严格执行工作票制度和二次工作安全措施票制度。

（4）关于保护室内的等电位地网的要求。

1）《十八项反措》原文表述为“15.6.2.1 在保护室屏柜下层的电缆室（或电缆沟道）内，沿屏柜布置的方向逐排敷设截面积不小于 $100mm^2$ 的铜排（缆）……”

2）《二十五项重点要求》原文表述为“18.8.1 应在主控室、保护室、敷设二次电缆的沟道、开关场的就地端子箱及保护用结合滤波器等处……

18.8.2 在主控室、保护室柜屏下层的电缆室（或电缆沟道）内，按柜屏布置的方向敷设 $100mm^2$ 的专用铜排（缆），将该专用铜排（缆）首末端连接，形成保护室内的等电位接地网……”

3）分析说明：《十八项反措》取消了开关场中的等电位地网的描述，改称为“沿电缆沟敷设的 $100mm^2$ 的专用铜排（缆）”，不再强调等电位。与保护室内等电位铜排不同，开关场内的专用铜排的作用是为二次电缆屏蔽层提供分流，防止在变电站内或附近发生接地故障时，由于站内主地网电位差而在二次电缆屏蔽层流过大电流将其烧坏，因此专用铜排（缆）应与主地网紧密相连，要求每个端子箱处与主地网相连。

（5）关于电流互感器或电压互感器的二次回路接地的要求。

1）《十八项反措》原文表述为“15.6.4.1 电流互感器或电压互感器的二次回路，均必须且只能有一个接地点……”

2）《二十五项重点要求》原文表述为“18.7.2 电流互感器的二次绕组及回路，必须且只能有一个接地点……”

3）分析说明：《十八项反措》指出了有直接电气联系的电流（电压）互感器的二次回路接地点设置要求，《二十五项重点要求》强调了当同屏内没有电气联系的各组电流回路分别在开关场接地时，应考虑将不同接地点之间的地电位差引至保护装置后所带来的影响。

（6）关于未在开关场接地的电压互感器二次回路接地的要求。

1）《十八项反措》原文表述为“15.6.4.2 未在开关场接地的电压互感器二次回路，宜在电压互感器端子箱处将每组二次回路中性点分别经放电间隙或氧化锌阀片接地……”

2）《二十五项重点要求》原文表述为“18.7.3 公用电压互感器的二次回路只允许在控制室内有一点接地……”

3）分析说明：《十八项反措》强调未在开关场接地的电压互感器二次回路，为保证接地点至开关场之间回路的工作安全性，宜在电压互感器端子箱处将每组二次回路中性点分别经放电间隙或氧化锌阀片接地，《二十五项重点要求》强调公用电压互感器的二次回路只允许在控制室内有一点接地。

5.《十八项反措》《二十五项重点要求》中均有要求，但要求的具体标准不一致

此种情况涉及的要求有2项，具体内容为：

（1）“规划设计阶段应注意的问题”中关于保护配置方案及机构选型的要求。

（2）“二次回路应注意的问题”中关于一次设备接引出的二次电缆的屏蔽层接地的要求。

涉及此情况的差异属于《十八项反措》与《二十五项重点要求》中对于同一问题的要求，属于同一维度，但要求的具体标准不一致，两者相比较后必然存在一方标准更严格的情况。两者要求不属于包含关系，属于重叠情况，一般经常存在于涉及试验的要求中。实际执行时，参考电网企业要求，建议从严执行，选择两者中要求更为严格的标准执行。

重点内容说明：

（1）关于保护配置方案及机构选型的要求。

1）《十八项反措》原文表述为“15.1.4 220kV及以上电压等级线路、变压器、母线、高压电抗器、串联电容器补偿装置等输变电设备的保护应按双重化配置，相关断路器的选型应与保护双重化配置相适应，220kV及以上电压等级断路器必须具备双跳闸线圈机构。1000kV变电站内的110kV母线保护宜按双套配置，330kV变电站内的110kV母线保护宜按双套配置。”

2）《二十五项重点要求》原文表述为“18.4.2 330kV及以上电压等级输变电设备的保护应按双重化配置；220kV电压等级线路、变压器、高压电抗器、串联补偿装置、滤波器等设备微机保护应按双重化配置；除终端负荷变电站外，220kV及以上电压等级变电站的母线保护应按双重化配置。

18.4.7 有关断路器的选型应与保护双重化配置相适应，220kV及以上断路器必须具备双跳闸线圈机构。两套保护装置的跳闸回路应与断路器的两个跳闸线圈分别一一对应。”

3）分析说明：《十八项反措》强调220kV及以上电压等级母线保护应按双重化配置。由于1000kV变电站的低压侧为110kV母线，如果110kV母线故障不能快速切除，将使变压器长时间流过故障电流，从而损坏变压器，为保证110kV母线快速切除故障的可靠性，110kV母线保护宜按双重化配置。330kV变电站内的110kV部分通常出线多、负荷重，如母线故障不能快速切除，有可能影响大规模电网的供电。为保证供电可靠性，110kV母线保护宜按双重化配置。

（2）关于一次设备接引出的二次电缆的屏蔽层接地的要求。

1）《十八项反措》原文表述为“15.6.2.8 由一次设备（如变压器、断路器、隔离开关和电流、电压互感器等）直接引出的二次电缆的屏蔽层应使用截面不小于4mm^{2}多股铜质软导线仅在就地端子箱处一点接地，在一次设备的接线盒（箱）处不接地，二次电缆经金属管从一次设备的接线盒（箱）引至电缆沟，并将金属管的上端与一次设备的底座或金属外壳良好焊接，金属管另一端应在距一次设备3～5m之外与主接地网焊接。”

2）《二十五项重点要求》原文表述为“18.8.4 由开关场的变压器、断路器、隔离开关和电流、电压互感器等设备至开关场就地端子箱之间的二次电缆应经金属管从一次设备的接线盒（箱）引至电缆沟，并将金属管的上端与上述设备的底座和金属外壳良好焊接，

下端就近与主接地网良好焊接。上述二次电缆的屏蔽层在就地端子箱处单端使用截面面积不小于 $4mm^2$ 多股铜质软导线可靠连接至等电位接地网的铜排上，在一次设备的接线盒（箱）处不接地。”

3）分析说明：两者相差在于《十八项反措》要求金属管另一端应在距一次设备 3～5m 之外与主接地网焊接，《二十五项重点要求》要求就近与主接地网良好焊接。一次设备区内主地网间距通常间隔为 3～5m，如金属管另一端应在距一次设备 3～5m 之外与主接地网焊接，焊接点与一次设备之间将会有其他主地网的交汇点，这样如果有电流从一次设备流至地网时，电流将通过主地网分流，从而减小金属管中流过的电流。

第十六节 “防止电网调度自动化系统、电力通信网及信息系统事故”章节差异性解读

一、整体性对比

《十八项反措》第 16 章“防止电网调度自动化系统、电力通信网及信息系统事故”对应《二十五项重点要求》第 19 章“防止电力调度自动化系统、电力通信网及信息系统事故”。《十八项反措》第 16 章“防止电网调度自动化系统、电力通信网及信息系统事故”中包含“防止电网调度自动化系统事故”“防止电力监控系统网络安全事故”“防止电力通信网事故”“防止信息系统事故” “防止网络安全事故”五部分内容共 148 条具体条款，《二十五项重点要求》第 19 章“防止电力调度自动化系统、电力通信网及信息系统事故”包含“防止电力调度自动化系统事故”“防止电力通信网事故”“防止信息系统事故”三部分内容共 63 条具体条款。《十八项反措》与《二十五项重点要求》两者一致的要求有 15 项，存在差异性的要求有 74 项。

二、分条款对比分析

（一）两者要求一致的条款

《十八项反措》与《二十五项重点要求》两者一致的要求有 15 项，具体内容为：

（1）“防止电网调度自动化系统事故”中：①关于主站系统的核心设备冗余配置的要求；②关于双电源供电要求的要求；③关于基础数据维护的要求。

（2）“防止电力通信网事故”中：①关于电力通信网的网络规划、设计的要求；②关于业务方式单的要求；③关于通信设备空气开关及熔断器配置的要求；④关于通信调度职责及人员的要求；⑤关于通信站内告警上送的要求；⑥关于通信检修工作的要求；⑦关于与其他部门沟通协调机制的要求；⑧关于光缆专项检查的要求；⑨关于接地系统检查的要求；⑩关于通信网管系统运行管理的要求；⑪关于机房定期除尘的要求；⑫关于通信专业应急预案的要求。

上述情况属于《十八项反措》与《二十五项重点要求》两者要求基本一致、表述稍有差别的条款，执行两者要求任何之一均可，考虑到《十八项反措》与电网公司实际生产情

况更契合，实际执行时，建议按照《十八项反措》要求即可。

（二）两者存在差异性的条款

《十八项反措》与《二十五项重点要求》两者存在差异性的要求有74项，分为下列五种情况。

1.《十八项反措》与《二十五项重点要求》中均有要求，但《十八项反措》要求更全面

此种情况涉及的要求有8项，具体内容为：

(1)“防止电网调度自动化系统事故”中：①关于调度自动化主站UPS配置的要求；②关于变电站向量测量装置部署的要求。

(2)“防止电力通信网事故”中：①关于通信路由及光缆敷设的要求；②关于继电保护通道路由的要求；③关于继电保护保护通道投运前测试验收的要求；④关于光缆施工工艺要求；⑤关于通信设备仪表使用的要求。

(3)“防止信息系统事故”中关于信息系统上线前评测检查的要求。

涉及此情况的差异属于《十八项反措》中对于同一问题的要求，相比较《二十五项重点要求》更全面、更细致精确，范围更广的条款，两者要求属于包含关系，与电网公司实际生产情况中的部分情况更匹配。例如：关于通信设备仪表使用的要求中，《十八项反措》增加了插拔拉曼放大器尾纤时，应先关闭泵浦激光器的要求；关于继电保护保护通道投运前测试验收的要求中，《十八项反措》强调了倒换时间应满足要求，通道还应满足《继电保护和安全自动装置技术规程》(GB/T 14285—2006)的规定的要求；实际执行时，参考电网企业要求，建议按照《十八项反措》要求执行。

2.《十八项反措》中有要求，但《二十五项重点要求》中无要求

此种情况涉及的要求有56项，具体内容为：

(1)“防止电网调度自动化系统事故”中：①关于备用调控系统配置的要求；②关于新投、改扩建配置安装的要求；③关于软件变动后投入测试的要求。

(2)“防止电力监控系统网络安全事故”中：①关于电力监控系统新建、改造工作安全防护评估的要求；②关于业务系统与终端通信的要求；③关于远方控制业务安全技术措施的要求；④关于网络安全管理平台的要求；⑤关于安全防护技术措施与电力监控系统同步建设的要求；⑥关于实施方案审核的要求；⑦关于调度数据网络接入的要求；⑧关于安全防护策略的要求；⑨关于自动化设备配置选型的要求；⑩关于生产控制大区调试的要求；⑪关于投运前、升级改造后安全评估的要求；⑫关于生产控制大区异地使用KVM的要求；⑬关于等级保护测评及安全评估的要求；⑭关于网络运行状态监视的要求；⑮关于病毒库升级的要求；⑯关于人员安全培训的要求；⑰关于技术监督的要求；⑱关于运维单位应急的要求；⑲关于继电保护通信设备电源的要求。

(3)“防止电力通信网事故”中：①关于通信电源的要求；②关于通信机房空调的要求；③关于“三跨”架空线路光缆选型的要求；④关于通信电源投运前检查的要求；⑤关于机房环境的要求；⑥关于蓄电池的要求；⑦关于通信电源运行方式的要求；⑧关于同时办理电网和通信检修申请的要求；⑨关于电话会议系统的要求；⑩关于一次线路退运通信调整的要求。

(4)“防止信息系统事故”中：①关于信息机房规划设计的要求；②关于信息系统设

计的要求；③关于电缆标签工艺的要求；④关于电缆标签工艺的要求；⑤关于空气开关配合的要求；⑥关于部署环境要求的要求；⑦关于数据冗余的要求；⑧关于信息系统时间同步的要求；⑨关于备用数据库的要求；⑩关于基础设施的要求；⑪关于状态评估的要求；⑫关于信息运维管理的要求；⑬关于切换演练及轮换的要求；⑭关于设备状态评估的要求；⑮关于本地备份的要求；⑯关于版本管理的要求；⑰关于信息系统运行监控的要求；⑱关于账号安全的要求；⑲关于信息系统下线评估的要求。

（5）“防止网络安全事故”中：①关于系统规划、设计安全防护的要求；②关于设备入网评测的要求；③关于网络安全管理的要求；④关于数据保密的要求；⑤关于数据恢复、擦除与销毁的要求。

《十八项反措》中特别提出了“防止电力监控系统网络安全事故”“防止网络安全事故”两部分内容，在《二十五项重点要求》中未提及该部分内容。其他涉及此情况的差异大部分属于电网企业结合自身生产工作现状以及运维经验总结提炼，且基本内容较新，在《二十五项重点要求》中未提及，实际执行时，参考电网企业要求，建议按照《十八项反措》要求执行。

3.《二十五项重点要求》中有要求，但《十八项反措》中无要求

此种情况涉及的要求有 6 项，具体内容为：

（1）“防止电网调度自动化系统、电力通信网及信息系统事故”中：①关于厂站设备选型、网络配置的要求；②关于自动发电控制和自动电压控制的要求；③关于调度自动化系统运行管理的要求；④关于安全防护的要求。

（2）“防止电力通信网事故”中关于继电保护复用设备的要求。

（3）“防止信息系统事故”中关于信息系统安全管理的要求。

涉及此情况的差异主要属于两部分：一部分是目前已与电网企业关系不够密切，重点要求集中涉及发电企业的相关要求；另一部分是电网企业已将相关要求在其他规范标准中体现，并在每章节概述中说明，已无需在《十八项反措》中重点强调，或结合实际生产情况，统一标准后在《十八项反措》中删除该条款。例如：关于继电保护复用设备的要求中，《十八项反措》在“第十五章 防止继电保护事故”有更加具体的要求，未在本部分内容再做体现。针对《二十五项重点要求》中有要求，但在《十八项反措》中未提及的内容，实际执行时，建议参考电网企业要求，查阅相关规范标准，结合《二十五项重点要求》内容，综合分析具体情况后确定执行意见。

4.《十八项反措》与《二十五项重点要求》中均有要求，但侧重点不同

此种情况涉及的要求有 2 项，具体内容为：①关于卫星授时要求的要求；②关于通信业务方式单管理的要求。

涉及此情况的差异大部分属于同一类型下或同一情况不同方面的要求，此时两者虽面向的对象分类相同，但表述时侧重点不同，且要求内容不互为包含关系，两者相互补充，综合两者而言，提出了更全面的要求。实际执行时，原则上均需遵照执行，参考电网企业要求，同时按照《十八项反措》及《二十五项重点要求》要求执行。

5.《十八项反措》与《二十五项重点要求》中均有要求，但要求的具体标准不一致

此种情况涉及的要求有 2 项，具体内容为“防止电力通信网事故”中：①与其他部门沟通协调机制；②关于调度录音系统检查的要求。

涉及此情况的差异属于《十八项反措》与《二十五项重点要求》中对于同一问题的要求，属于同一维度，但要求的具体标准不一致，两者相比较后必然存在一方标准更严格的情况。两者要求不属于包含关系，属于重叠情况，一般经常存在于涉及试验的要求中。实际执行时，参考电网企业要求，建议从严执行，选择两者中要求更为严格的标准执行。

重点内容说明：

（1）与其他部门沟通协调机制。

1）《十八项反措》原文表述为“16.3.3.9……因电网检修对通信设施造成运行风险时，电网检修部门应至少提前10个工作日通知通信运行部门，通信运行部门按照通信运行风险预警管理规范要求下达风险预警单，相关部门严格落实风险防范措施……”

2）《二十五项重点要求》原文表述为“19.2.20……一次线路建设、运行维护部门应提前5个工作日通知通信运行部门，并按照电力通信检修管理规定办理相关手续……”

3）分析说明：两者相差在于《十八项反措》规定因电网检修对通信设施造成运行风险时，电网检修部门应至少提前10个工作日通知通信运行部门，《二十五项重点要求》要求提前5个工作日，《十八项反措》对于提前日期要求更为严格，实际执行时，参考电网企业要求，按照《十八项反措》要求执行。

（2）关于调度录音系统检查的要求。

1）《十八项反措》原文表述为“16.3.3.17……调度录音系统应每周进行检查……调度录音系统服务器应保持时间同步。”

2）《二十五项重点要求》原文表述为“19.2.25……调度录音系统应每月进行检查……”

3）分析说明：两者相差在于《十八项反措》中调度录音检查每周进行，增加了录音系统时间同步要求，《二十五项重要要求》中调度录音检查每月进行，实际执行时，参考电网企业要求，按照《十八项反措》要求执行。

第十七节　“防止垮坝、水淹厂房事故”章节差异性解读

一、整体对比分析

《十八项反措》第17章“防止垮坝、水淹厂房事故”对应《二十五项重点要求》第24章“防止垮坝、水淹厂房及厂房坍塌事故”。《十八项反措》第17章“防止垮坝、水淹厂房事故 ”共包含24条具体条款，《二十五项重点要求》第24章“防止垮坝、水淹厂房及厂房坍塌事故”共包含26条具体条款。《十八项反措》与《二十五项重点要求》两者要求一致的条款有20项，存在差异性的条款有8项。

二、分条款对比分析

（一）两者要求一致的条款

《十八项反措》与《二十五项重点要求》两者要求一致的条款有20项，具体内容为：

①关于设计时对地质、气象条件的要求；②关于大坝、厂房的监测设计时需与主体工程同步设计以及应满足维护、检修及运行的要求；③关于水库设防标准及防洪标准的要求；④关于施工期成立防洪度汛组织机构的要求；⑤关于施工期编制临时挡水方案的要求；⑥关于大坝、厂房在改（扩）建过程中应满足防洪标准的要求；⑦关于制定工程防洪应急预案的要求；⑧关于施工单位编制观测设施施工方案的要求；⑨关于建立防汛组织机构和强化防汛工作责任制的要求；⑩关于制度化建设和《防汛工作手册》的要求；⑪关于做好大坝安全检查、监测、维护工作和对观测异常数据的要求；⑫关于开展汛前检查工作和制定防汛预案的要求；⑬关于汛前做好可靠防范措施的要求；⑭关于汛前备足防洪抢险物资及建立保管、更新、使用等专项制度的要求；⑮关于落实防御和应对地质灾害的各项措施的要求；⑯关于加强对水情自动测报系统维护以及遇特大暴雨洪水或其他严重威胁大坝安全事件的要求；⑰关于水电厂水库运行管理的要求；⑱关于对影响大坝安全和防洪度汛的缺陷、隐患及水毁工程以及对已确认的病、险坝的要求；⑲关于汛期加强防汛值班的要求；⑳关于汛期后应及时总结以及对存在的隐患进行整改的要求。

上述情况属于《十八项反措》与《二十五项重点要求》两者要求基本一致、表述稍有差别的条款，执行两者要求任何之一均可，考虑到《十八项反措》与电网公司实际生产情况更契合，实际执行时，建议按照《十八项反措》要求即可。

（二）两者存在差异性的条款

《十八项反措》与《二十五项重点要求》两者存在差异性的要求有 8 项，分为下列三种情况。

1.《十八项反措》与《二十五项重点要求》中均有要求，但《十八项反措》要求更全面

此种情况涉及的要求有 1 项，具体内容为：关于厂房排水系统设计的要求。

涉及此情况的差异属于《十八项反措》中对于同一问题的要求，相比较《二十五项重点要求》更全面、更细致精确，范围更广的条款，两者要求属于包含关系，与电网公司实际生产情况中的部分情况更匹配。实际执行时，参考电网企业要求，建议按照《十八项反措》要求执行。

重点内容说明：关于厂房排水系统设计的要求。

1）《十八项反措》原文表述为“厂房排水系统设计应留有裕量，充分考虑电站实际运行情况，选用匹配的排水泵，并设置一定容量的备用泵。”

2）《二十五项重点要求》原文表述为“厂房设计应设有正常及应急排水系统。”

3）分析说明：两者相差在于要求的精细化程度不同，《十八项反措》对厂房排水系统设计要求更为具体，要求充分考虑电站实际运行情况，选用匹配的排水泵，并提出设置一定容量的备用泵，具有较强的操作性和执行性，《二十五项重点要求》对厂房排水系统设计要求较为概略，实际执行时，参考电网企业要求，按照《十八项反措》要求执行。

2.《十八项反措》中有要求，但《二十五项重点要求》中无要求

此种情况涉及的要求有 3 项，具体内容为：①关于安装工业电视摄像头的要求；②关于开展大坝安全注册和定期检查工作的要求；③关于建立防止水淹厂房隐患排查的常态化工作机制的要求。

涉及此情况的差异大部分属于电网企业结合自身生产工作现状及近年来的现场案例总结提炼，且基本内容较新，均为2012版《十八项反措》基础上的新增条款，在《二十五项重点要求》中未提及该部分内容。实际执行时，参考电网企业要求，建议按照《十八项反措》要求执行。

重点内容说明：

（1）关于建立防止水淹厂房隐患排查的常态化工作机制的要求。

1）《十八项反措》原文表述为“建立防止水淹厂房隐患排查的常态化工作机制，对排查出的隐患或缺陷及时治理验收。”

2）《二十五项重点要求》无相关条款。

3）分析说明：两者相差在于要求的精细化程度不同，《十八项反措》要求建立防止水淹厂房隐患排查的常态化工作机制，对排查出的隐患或缺陷及时治理验收。电网企业一直重视隐患排查治理工作，建立了较为完善的隐患排查治理或缺陷管理制度，具体可参考《国家电网公司变电运维管理规定》（国网运检/3 828—2017）。《二十五项重点要求》对此没有相关要求，实际执行时，参考电网企业要求，按照《十八项反措》要求执行。

（2）关于水电站大坝运行安全监督管理规定的要求。

1）《十八项反措》原文表述为“按照《水电站大坝运行安全监督管理规定》的要求开展大坝安全注册和定期检查工作，对发现的缺陷、隐患要及时治理，必须整改的问题要在下一轮大坝定检前完成治理。”

2）《二十五项重点要求》无相关条款。

3）分析说明：两者相差在于要求的精细化程度不同，《十八项反措》要求水电站开展大坝安全注册和定期检查工作，及时治理隐患和缺陷，《二十五项重点要求》没有相关具体要求。实际执行时，参考电网企业要求，按照《十八项反措》要求执行。

（3）关于安装工业电视摄像头的要求。

1）《十八项反措》原文表述为“电站重要部位应安装防护等级不低于IP67的固定工业电视摄像头，应自带大容量存储卡，工业电视系统设备UPS供电时间不小于1h。”

2）《二十五项重点要求》无相关条款

3）分析说明：两者相差在于要求的精细化程度不同，《十八项反措》对安装工业电视摄像头提出了具体要求，电网企业高度视频监控，在国家电网公司变电运检五项通用制度中对视频监控摄像头的验收和运维均提出了具体规定，《二十五项重点要求》没有相关具体要求，实际执行时，参考电网企业要求，按照《十八项反措》要求执行。

3.《二十五项重点要求》中有要求，但《十八项反措》中无要求

此种情况涉及的要求有4项，具体内容为：①关于运行单位在设计阶段介入工程的要求；②关于汛前对设计单位的要求；③关于汛前对施工单位和建设单位的要求；④关于水电厂应按照有关规定进行重点检查的要求。

涉及此情况的差异主要属于两部分：一部分是目前已与电网企业关系不够密切，重点要求集中涉及发电企业的相关要求；另一部分是电网企业已将相关要求在其他规范标准中体现，并在每章节概述中说明，已无需在《十八项反措》中重点强调，或结合实际生产情况，统一标准后在《十八项反措》中删除该条款。针对《二十五项重点要求》中有要求，

但在《十八项反措》中未提及的内容，实际执行时，建议参考电网企业要求，查阅相关规范标准，结合《二十五项重点要求》内容，综合分析具体情况后确定执行意见。

第十八节 “防止火灾事故和交通事故”章节差异性解读

一、整体对比分析

《十八项反措》第18章“防止火灾事故和交通事故”对应《二十五项重点要求》第2章“防止火灾事故”和第1.10节“防止电力生产交通事故”。《十八项反措》第18章“防止火灾事故和交通事故”共包含29条具体条款，《二十五项重点要求》第2章“防止火灾事故”和第1.10节“防止电力生产交通事故”共包含108条具体条款。《十八项反措》与《二十五项重点要求》两者要求一致的条款有4条，存在差异性的条款有112条。

二、分条款对比分析

（一）两者要求一致的条款

《十八项反措》与《二十五项重点要求》两者要求一致的条款有4项，具体内容为：①关于值班人员培训及防止消防设施误动、拒动的要求；②关于对各种车辆检查维护的要求；③关于加强大型活动、作业用车和通勤用车管理的要求；④关于配备正压式空气呼吸器、防毒面具等防护器材的要求。

上述情况属于《十八项反措》与《二十五项重点要求》两者要求基本一致、表述稍有差别的条款，执行两者要求任何之一均可，考虑到《十八项反措》与电网公司实际生产情况更契合，实际执行时，建议按照《十八项反措》要求即可。

（二）两者存在差异性的条款

《十八项反措》与《二十五项重点要求》两者存在差异性的要求有112项，分为下列五种情况。

1.《十八项反措》与《二十五项重点要求》中均有要求，但《十八项反措》要求更全面

此种情况涉及的要求有4项，具体内容为：①关于加强防火组织管理的要求；②关于建立健全交通安全管理机制的要求；③关于加强对集体企业和外包施工企业的车辆交通安全管理的要求；④关于加强大件运输、大件转场及搬运危化品、易燃易爆物运输管理的要求。

涉及此情况的差异属于《十八项反措》中对于同一问题的要求，相比较《二十五项重点要求》更全面、更细致精确，范围更广的条款，两者要求属于包含关系，与电网公司实际生产情况中的部分情况更匹配。实际执行时，参考电网企业要求，建议按照《十八项反措》要求执行。

重点内容说明：

（1）关于加强防火组织管理的要求。

1）《十八项反措》原文表述为“①各单位应建立健全防止火灾事故组织机构，单位的主要负责人是本单位的消防安全责任人，应建立有效的消防组织网络，应确定消防安全管理人，有效落实消防管理职责；②健全消防工作制度，应根据消防法相关规定，建立训练有素的专职或群众性消防队伍，专职消防队应报公安机关消防机构验收。开展相应的基础消防知识的培训，建立火灾事故应急响应机制，制定灭火和应急疏散预案及现场处置方案，定期开展灭火和应急疏散桌面推演和现场演练；③每年至少进行一次消防安全培训，消防安全责任人和消防安全管理人等消防从业人员应接受专门培训。对新上岗和进入新岗位的员工进行上岗前消防培训，经考试合格方能上岗。定期开展消防安全检查，应确保各单位、各车间、各班组、各作业人员了解各自管辖范围内的重点防火要求和灭火方案；④建立火灾隐患排查、治理常态机制，定期开展火灾隐患排查工作。根据发现的隐患，提出整改方案、落实整改措施，保障消防安全。”

2）《二十五项重点要求》原文表述为“各单位应建立健全防止火灾事故组织机构，健全消防工作制度，落实各级防火责任制，建立火灾隐患排查治理常态机制。配备消防专责人员并建立有效的消防组织网络和训练有素的群众性消防队伍。定期进行全员消防安全培训、开展消防演练和火灾疏散演习，定期开展消防安全检查。”

3）分析说明：两者相差在于要求的精细化程度不同，《十八项反措》在建立防止火灾事故组织机构、健全消防工作制度、开展消防安全培训、建立火灾隐患排查等方面提出了更为具体的要求，《二十五项重点要求》要求较为概略，实际执行时，参考电网企业要求，按照《十八项反措》要求执行。

（2）关于建立健全交通安全管理机制的要求。

1）《十八项反措》原文表述为“①建立健全交通安全管理机构（如交通安全委员会），明确交通安全归口管理部门，设置专兼职交通安全管理人员，按照‘谁主管、谁负责’的原则，对本单位所有车辆驾驶人员进行安全管理和安全教育。交通安全应与安全生产同布置、同考核、同奖惩；②建立健全本企业有关车辆交通管理规章制度，严格执行、考核。完善安全管理措施（含场内车辆和驾驶员），做到不失控、不漏管、不留死角，监督、检查、考核到位，严禁客货混装，严禁超速行驶，保障车辆运输安全；③建立健全交通安全监督、考核、保障制约机制，严格落实责任制。对纳入国家特种设备管理范围的车辆，作业人员做到持证上岗；对未纳入国家特种设备管理范围的车辆，应实行‘准驾证’制度，无本企业准驾证人员，严禁驾驶本企业车辆，强化副驾驶座位人员的监护职责；④建立交通安全预警机制。按恶劣气候、气象、地质灾害等情况及时启动预警机制。加强车辆集中动态监控，所有车辆应安装卫星定位系统，实时预警超速超范围行驶；⑤各级行政领导，应经常督促检查所属车辆交通安全情况，把车辆交通安全作为重要工作纳入议事日程，并及时总结，解决存在的问题，严肃查处事故责任者。”

2）《二十五项重点要求》原文表述为“建立健全交通安全管理规章制度，明确责任，加强交通安全监督及考核。严格执行车辆交通管理规章制度。”

3）分析说明：两者相差在于要求的精细化程度不同，《十八项反措》在建立健全交通安全管理机构、建立健全本企业有关车辆交通管理规章制度、建立健全交通安全监督、考核、保障制约机制、建立交通安全预警机制、各级行政领导责任等方面提出了具体要求，《二十五项重点要求》要求较为概略，实际执行时，参考电网企业要求，按照《十八项反措》要求执行。

(3) 关于加强对集体企业和外包施工企业的车辆交通安全管理的要求。

1)《十八项反措》原文表述为“集体企业和外包施工企业主要负责人是本单位车辆交通安全的第一责任者，对主管单位主要负责人负责。集体企业的车辆交通安全管理应当纳入主管单位车辆交通安全管理的范畴，接受主管单位车辆交通安全管理部门的监督、指导和考核。外包施工企业的车辆的安全管理应按合同接受监督、指导和考核。集体企业和外包施工企业应该加强对驾驶员施工现场安全行驶的培训教育。”

2)《二十五项重点要求》原文表述为“加强对多种经营企业和外包工程的车辆交通安全管理。”

3) 分析说明：两者相差在于要求的精细化程度不同，《十八项反措》对于集体企业和外包施工企业的车辆管理分别提出了具体要求，具有较强的操作性和执行性，《二十五项重点要求》要求较为概略，实际执行时，参考电网企业要求，按照《十八项反措》要求执行。

2.《十八项反措》中有要求，但《二十五项重点要求》中无要求

此种情况涉及的要求有 8 项，具体内容为：①关于加强易燃、易爆物品管理的要求；②关于各类消防系统及器材巡查、维护及保养的要求；③关于配置消防器材及设立微型消防站的要求；④关于设置消防控制室的要求；⑤关于防火、防爆重点场所采用防爆型的照明、通风设备的要求；⑥关于各室禁止烟火及设置防火阀的要求；⑦关于大型充油设备固定灭火系统的要求；⑧关于建筑贯穿孔口和空开口防火封堵和防火材料的要求。

涉及此情况的差异大部分属于电网企业结合自身生产工作现状及近年来的现场案例总结提炼，且基本内容较新，均为 2012 版《十八项反措》基础上的新增条款，在《二十五项重点要求》中未提及该部分内容。实际执行时，参考电网企业要求，建议按照《十八项反措》要求执行。

3.《二十五项重点要求》中有要求，但《十八项反措》中无要求

此种情况涉及的要求有 95 项，具体内容为：①关于防止电缆着火事故的要求（包含 17 条具体条款）；②关于防止汽机油系统着火事故的要求（包含 10 条具体条款）；③关于防止燃油罐区及锅炉油系统着火事故的要求（包含 7 条具体条款）；④关于防止制粉系统爆炸事故的要求（包含 3 条具体条款）；⑤关于防止氢气系统爆炸事故的要求（包含 6 条具体条款）；⑥关于防止输煤皮带着火事故的要求（包含 4 条具体条款）；⑦关于防止脱硫系统着火事故的要求（包含 7 条具体条款）；⑧关于防止氨系统着火爆炸事故的要求（包含 8 条具体条款）；⑨关于防止天然气系统着火爆炸事故的要求（包含 19 条具体条款）；⑩关于防止风力发电机组着火事故的要求（包含 14 条具体条款）。

涉及此情况的差异主要属于两部分：一部分是目前已与电网企业关系不够密切，重点要求集中涉及发电企业的相关要求；另一部分是电网企业已将相关要求在其他规范标准中体现，并在每章节概述中说明，已无需在《十八项反措》中重点强调，或结合实际生产情

况，统一标准后在《十八项反措》中删除该条款。针对《二十五项重点要求》中有要求，但在《十八项反措》中未提及的内容，实际执行时，建议参考电网企业要求，查阅相关规范标准，结合《二十五项重点要求》内容，综合分析具体情况后确定执行意见。

4.《十八项反措》与《二十五项重点要求》中均有要求，但侧重点不同

此种情况涉及的要求有5项，具体内容为：①关于动火作业管理的要求；②关于加强消防设施管理的要求；③关于安装火灾自动报警系统的要求；④关于加强消防水系统管理的要求；⑤关于加强对驾驶员的管理和教育的要求。

涉及此情况的差异大部分属于同一类型下或同一情况不同方面的要求，此时两者虽面向的对象分类相同，但表述时侧重点不同，且要求内容不互为包含关系，两者相互补充，综合两者而言，提出了更全面的要求。实际执行时，原则上均需遵照执行，参考电网企业要求，同时按照《十八项反措》及《二十五项重点要求》要求执行。

重点内容说明：

（1）关于动火作业管理的要求。

1）《十八项反措》原文表述为“强化动火管理，施工、检修等工作现场严格执行动火工作票制度，落实现场防火和灭火责任。不具备动火条件的现场，严禁违法违规动火工作。”

2）《二十五项重点要求》原文表述为“检修现场应有完善的防火措施，在禁火区动火应制定动火作业管理制度，严格执行动火工作票制度。变压器现场检修工作期间应有专人值班，不得出现现场无人情况。”

3）分析说明：两者相差在于要求侧重点不同，《十八项反措》强调不具备动火条件的现场严禁违法违规动火工作，《二十五项重点要求》强调现场检修工作期间不得出现现场无人情况，实际执行时，参考电网企业要求，同时按照《十八项反措》及《二十五项重点要求》要求执行。

（2）关于加强消防设施管理的要求。

1）《十八项反措》原文表述为“各单位应按照相关规范建设配置完善的消防设施。严禁占用消防逃生通道和消防车通道。”

2）《二十五项重点要求》原文表述为“配备完善的消防设施，定期对各类消防设施进行检查与保养，禁止使用过期和性能不达标消防器材。”

3）分析说明：两者相差在于要求侧重点不同，《十八项反措》强调严禁占用消防逃生通道和消防车通道，《二十五项重点要求》强调禁止使用过期和性能不达标消防器材。两者侧重点不同，不互为包含，均需遵照执行。实际执行时，参考电网企业要求，按照《十八项反措》及《二十五项重点要求》要求执行。

（3）关于安装火灾自动报警系统的要求。

1）《十八项反措》原文表述为“各单位生产生活场所、各变电站（换流站）、电缆隧道等应根据规范及设计导则安装火灾自动报警系统。火灾自动报警信号应接入有人值守的消防控制室，并有声光警示功能，接入的信号类型和数量应符合国家相关规定。”

2）《二十五项重点要求》原文表述为“电力调度大楼、地下变电站、无人值守变电站应安装火灾自动报警或自动灭火设施，无人值守变电站其火灾报警信号应接入有人监视遥

测系统，以便及时发现火警。”

3）分析说明：两者相差在于安装场所表述不同，《十八项反措》表述的是各单位生产生活场所、各变电站（换流站）、电缆隧道等，同时对火灾自动报警信号提出了具体要求，《二十五项重点要求》表述的是电力调度大楼、地下变电站、无人值守变电站。两者侧重点不同，不互为包含，均需遵照执行。实际执行时，参考电网企业要求，按照《十八项反措》及《二十五项重点要求》要求执行。

（4）关于加强消防水系统管理求的要求。

1）《十八项反措》原文表述为“在建设工程中，消防系统设计文件应报公安机关消防机构审核或备案，工程竣工后应报公安消防机关申请消防验收或备案。消防水系统应同工业、生活水系统分离，以确保消防水量、水压不受其他系统影响；消防设施的备用电源应由保安电源供给，未设置保安电源的应按Ⅱ类负荷供电，消防设施用电线路敷设应满足火灾时连续供电的需求。变电站、换流站消防水泵电机应配置独立的电源。”

2）《二十五项重点要求》原文表述为“消防水系统应同工业水系统分离，以确保消防水量、水压不受其他系统影响；消防设施的备用电源应由保安电源供给，未设置保安电源的应按Ⅱ类负荷供电。消防水系统应定期检查、维护。正常工作状态下，不应将自动喷水灭火系统、防烟排烟系统和联动控制的防火卷帘分隔设施设置在手动控制状态。”

3）分析说明：两者相差在于要求侧重点不同，《十八项反措》对于消防设施用电线路敷设和消防水泵电机提出了具体要求，强调消防设施用电线路敷设应满足火灾时连续供电的需求以及变电站、换流站消防水泵电机应配置独立的电源。《二十五项重点要求》强调了自动喷水灭火系统、防烟排烟系统和联动控制的防火卷帘分隔设施在正常工作状态下的控制状态应在手动控制状态。两者侧重点不同，不互为包含，均需遵照执行。实际执行时，参考电网企业要求，按照《十八项反措》《二十五项重点要求》要求执行。

（5）关于加强对驾驶员的管理和教育的要求。

1）《十八项反措》原文表述为“①加强对驾驶员的管理，提高驾驶员队伍素质。定期组织驾驶员进行安全技术培训，提高驾驶员的安全行车意识和驾驶技术水平。对考试考核不合格、经常违章肇事或身体条件不满足驾驶员要求的应不准从事驾驶员工作；②严禁酒后驾车、私自驾车、无证驾车、疲劳驾驶、超速行驶、超载行驶、不系安全带、行车中使用电子产品等各类危险驾驶。严禁领导干部迫使驾驶员违法违规驾车。”

2）《二十五项重点要求》原文表述为“加强对驾驶员的管理和教育，定期组织驾驶员进行安全技术培训，提高驾驶员的安全行车意识和驾驶技术水平，严禁违章驾驶。叉车、翻斗车、起重机，除驾驶员、副驾驶员座位以外，任何位置在行驶中不得有人坐立；起重机、翻斗车在架空高压线附近作业时，必须划定明确的作业范围，并设专人监护。”

3）分析说明：两者相差在于要求的侧重点不同，《十八项反措》强调不准从事驾驶员工作的要求以及严禁各类危险驾驶、违法违规驾车等，《二十五项重点要求》强调各类特种车驾驶要求以及特种车设专人监护的要求。两者侧重点不同，不互为包含，均需遵照执行。实际执行时，参考电网企业要求，按照《十八项反措》及《二十五项重点要求》要求执行。

第三章
电网重大反事故措施

第一节　防止线圈类设备事故

（1）变压器电容型套管末屏不应采用铸铝材质，应采用铜或合金材质。

条款解读： 变压器电容型套管末屏作为套管工作接地连接的一部分，长期承受电流，传统铸铝材质的末屏装置运行一段时间后末屏帽与底座之间丝扣电熔粘连，造成末屏帽无法打开或打开后无法恢复，对套管试验造成一定不利影响，末屏打开后无法正常恢复将对设备运行造成较大安全隐患。

相关案例： 某220kV变电站3号主变压器、某500kV变电站3号主变压器等均在套管例行试验时发生末屏帽打不开或打开后无法正常恢复的问题，如图3-1所示，只能采用直连接地后用封堵泥固定等临时措施处理，存在一定运行隐患。

（a）末屏装置滑扣

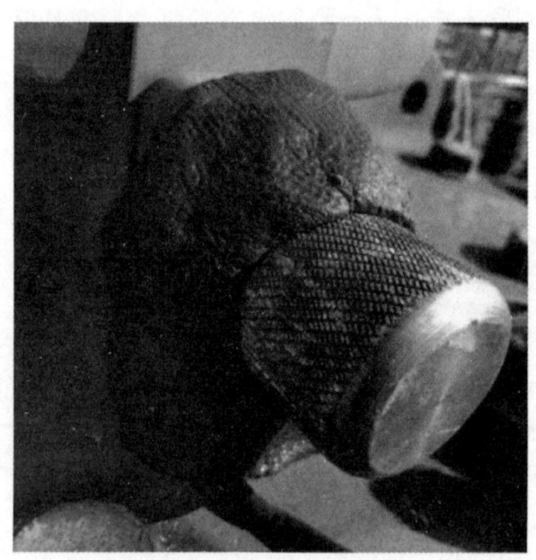
（b）临时措施

图3-1　末屏帽打开后无法正常恢复

（2）主变压器有载调压开关在测控屏应有联调控制器。

条款解读： 主控后台在主变压器控制期间只能控制有载开关的挡位升降，在主变压器调挡过程中出现任何问题（尤其三相联调失效情况下），在主变压器后台无法进行急停控制，需要运行人员快速赶到主变压器本体进行就地急停操作，有了联调控制器就可有效改善此情况。

相关案例： 某500kV变电站主变压器更换期间，开始未考虑三相联调控制器，后经分析研究，认识到其中的运行隐患，对该主变压器加装完三相联调控制器，确保设备稳定运行。

（3）主变压器取油阀门（针式门）宜采用手轮阀门加取油阀门的结构型式，以便于取油阀门的故障更换。

条款解读： 传统工艺情况下，主变压器取油阀门（针式门）底座多为焊接在油箱本体上，通过逆止取油芯阀及阀门帽连接控制取油作业及防止油外泄。但由于取油频繁及取油芯阀质量问题，经常会出现取油芯阀损坏，无法正常取油的情况，在这种情况下，更换芯阀需要对设备本体进行出油，工作量大且工艺要求高，耗时较长，不利于设备安全稳定运行。同时，如果取油人员操作不当，在取油过程中使用工具不当，误将芯阀整体拆下，会造成主变压器本体油大量外泄，如不能及时处理，可能造成主变压器误动或更严重的故障。如更换为手轮阀门加取油阀门的结构型式，可便于更换取油阀门，同时在发生取油误操作情况下也可快速切断与本体油路的连接，确保设备稳定运行。

相关案例： 某220kV变电站2号主变压器下部取油阀损坏，因设备结构为传统型式，无法进行阀门更换，无法正常取油。某1000kV变电站1号主变压器B、C相下部取油阀门因使用频繁造成取油阀损坏无法正常取油，其结构为手轮阀门加取油阀门的结构型式，目前已完成取油阀门更换工作，如图3-2所示，设备目前正常运行。

（a）取油阀门直接焊接在箱壁上

（b）取油阀门通过手轮阀门安装在箱壁上

图3-2　取油阀损坏

（4）运行满15年的互感器例行试验增加二次绕组直流电阻试验，运行满10年的电容式电压互感器应结合例行停电重点检查电容分压器尾端接地情况。

条款解读： 目前互感器例行试验项目包括绕组及末屏的绝缘电阻、介质损耗及电容量项目，从这些项目中无法发现互感器二次绕组虚接的问题，造成在电流互感器、电压互感器后期运行过程中存在二次输出不稳定的情况。

运行年久的电容式电压互感器电容分压器尾端接地线受运行环境及工况影响，易发生锈蚀断裂，造成电容分压器尾端悬空，在设备投运后会造成尾端放电间隙连续放电，进而造成设备故障。

相关案例： 某500kV站电流互感器在设备运行期间，二次输出不稳定，停电后对设备检查发现其二次绕组电阻数值不稳定，怀疑其二次绕组内部虚接，更换设备后运行稳定。

220kV变电站线路CVT在拆除耦合电容器后未对电容分压器尾端接地进行检查，设备投运后设备端子盒内有放电声，且出现发热情况。设备停电后检查，其内部电容分压器尾端接地线断裂，更换接地线后设备运行稳定，如图3-3所示。

（a）电容分压器尾端接地断裂

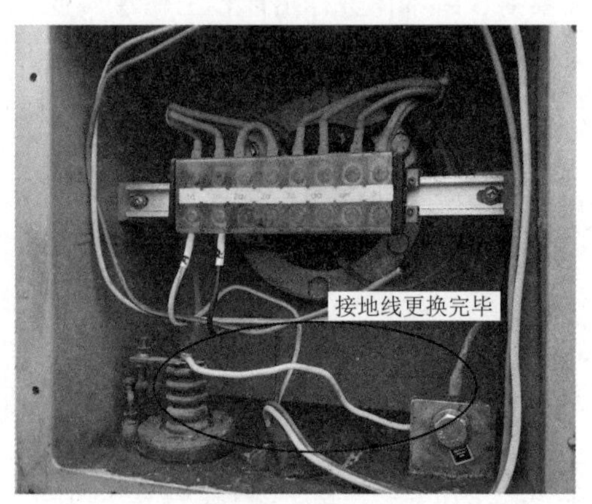

（b）修复后的尾端接地

图3-3 电容分压器尾端故障

（5）变压器应具备总装后带全部绝缘油、全部附件上下台的条件。

条款解读： 设备具备总装后带全部绝缘油及附件上下台，区别于设备拆除附件后下台或上台后进行安装，可有效缩短设备安装、设备工艺及设备试验时间，同时可保证设备的可用性。可有效缩短设备停电时间，提高电网可靠率。

（6）变压器有载开关储油柜、电缆仓独立储油柜（油位表式）容积应有足够裕度，满足检修取油要求及极限温度下的运行要求。

条款解读： 变压器有载开关储油柜、电缆仓独立储油柜在出厂时均按标准设计为满足总体油量的10%及以上要求，但由于有载开关、电缆仓总油量均较少，导致其储油柜容量较小，储油柜在出厂设计时虽然满足要求，但其截面积较小。在后期设备运行时，导致油位表浮球及连杆的行程较短，造成高低油位报警频繁。

相关案例： 某500kV站主变压器有载开关储油柜为独立储油柜，储油柜满足容量要求，但其截面积较小，设备运行期间每年高油位报警多次、低油位报警多次，增加设备运行隐患和困扰，后期对储油柜进行改造，增加容量同时增加储油柜截面积，设备运行后油位告警问题消失，如图3-4所示。

（7）变压器密封胶垫优先选用定型垫，若无定型垫，应使用搭接垫，胶垫接头粘合牢固，并放置在连接法兰的两螺栓中间，搭接面平放，搭接处的厚度应与其原厚度相同，搭接面长度大于或等于胶垫厚度的2倍，不应采用对接式密封垫。

（a）改造前

（b）改造后

图 3-4　储油柜改造

条款解读：变压器密封胶垫的选用对设备后期运行缺陷有较大的影响，密封胶垫在安装过程中会有偏移、受力不均匀、滚动碾压等问题，如密封胶垫为定型胶垫，安装过程中不发生偏移、受力均匀即可；搭接和对接胶垫则还应防止滚动碾压问题，搭接胶垫相较于对接胶垫，胶垫不发生滚动碾压即可；对接胶垫仅经历碾压也可能会造成接口断开问题。

相关案例：公司系统内多台某公司变压器产品套管升高座及套管法兰密封胶垫均为对接工艺，设备运行几年后均开始出现渗油情况，经检修检查发现，均为对接接口断裂等问题，更换搭接工艺胶垫后设备运行稳定，如图 3-5 所示。

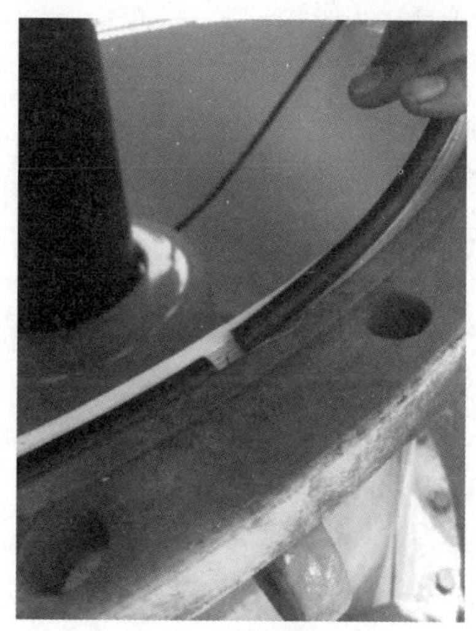

（a）对接胶垫断口

（b）对接胶垫接口样式

图 3-5（一）　对接口断裂处理

（c）搭接胶垫接口

（d）搭接胶垫使用

图 3-5（二）　对接口断裂处理

第二节　防止开关类设备事故

（1）开关柜电缆室应有足够的空间，出线电缆端子与地面高度应超过 700mm，出线柜电缆连接处连接排预留双拼电缆的位置，电缆端子应使用多螺栓连接（不少于 2 个），接线端子应竖直向下。预留双排电缆进线位置，应前后布置（纵向），严禁左右（横向布置）。

条款解读：天津地区属于城市电网，双缆出线用户较多。如电缆室空间不足，将导致电缆室内空间过于紧凑，易引发局部放电问题，且不利于清扫、检修。同时，采用双缆出线，要求电缆采用前后布置，可有效避免电缆相间交叉，避免因两相电缆长时间处于相电压下运行，加速绝缘老化，引发设备故障。对电缆接线端子的要求，可确保电缆安装后电缆线鼻子与接线端子间的连接可靠且电缆减少机械应力作用，避免电缆连接松动引发过热等问题。

图 3-6　10kV 开关柜进线电缆与导电铜排距离过近

相关案例：某 220kV 变电站 10kV 电缆室空间小，且双缆进线采用左右布置，导致电缆外护套与导电铜排距离过近，引发局部放电，如图 3-6 所示。

（2）开关柜内除湿、加热模块设计方式应取消温控器，改为驱潮模块常投、加热模块手动投入的方式。加热（30～50W）和驱潮（100W）由独立的空气开关控制。加热板采用高可靠性产品，满足长投的运行工况要求。设备运行时，当环境温度低于 5℃时，手动投入加热模块，当环境温度高于 10℃时，手动退出加热模块。

条款解读：目前，开关柜厂家配置的温湿度控制器运行时，普遍寿命较低，通常 3～5 年发生故障，引发加热驱潮模块无法正常工作的问题。目前市场上与开关柜配合的温湿度控制器普遍质量较差，且寿命较低。另外，不同厂家配置的温度控制器，传感器配置差异较大，通用性差，且部分温度控制器厂家已停产，很难匹配。采用温湿度控制器不仅增加运维成本，同时对设备安全运行存在一定的风险。

相关案例： 目前，某220kV变电站35kV开关柜采用某公司生产的KWS－3440型温湿度控制器（图3－7），出现大范围故障，匹配原温度控制器尺寸及传感器接口只能重新购置原件，且原备件已换代，重新生产价格较高。

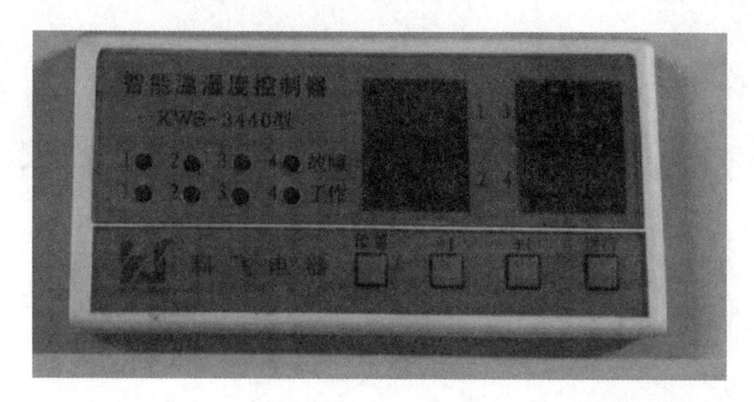

图3－7　温湿度控制器

（3）如户内组合电器架空出线间隔出线套管位于一层，则套管支撑架不应采用落地式，宜采用支撑架固定于墙体或与开关室同基础的平台上。

条款解读： 受基建施工质量影响，变电站建筑物与室外地面出现沉降不同步情况，导致组合电器出线套管受到支撑架非正常作用力影响出现变形，引发设备异常，如 SF_6 气体泄漏。

相关案例： 某220kV变电站220kV组合电器出线套管受支撑架基础下沉，如图3－8所示，导致套管承受向下的作用力，引发形变。

（4）新建、改扩建项目，户外220kV及以下隔离开关不宜选用单柱单臂式隔离开关。

条款解读： 在运的220kV、110kV单柱单臂隔离开关运行中多发分合闸不到位情况，成因主要为导电臂顶部密封不严，进水导致弹簧、连杆锈蚀，引发分合闸不到位。已多次引发倒闸操作被迫中断，扩大停电检修范围情况。

单柱单臂隔离开关倒闸操作受季节影响较大。在冬季低温、潮湿的季节，单柱单臂隔离开关易发生分合闸不到位的问题。

相关案例： 2017—2019年，因110kV、220kV单柱单臂隔离开关分合闸不到位导致操作中断及扩大停电范围共计13起，其中冬季9起、非冬季节4起。2019年9月，某220kV变电站在执行2号主变压器由运行转入检修操作时，拉开2202－4隔离开关，该组隔离开关A、B两相无法分闸，导致操作中断，停电计划终止。2017年4月，某220kV变电站在执行2212单元转检修操作时，2212－4隔离开关无法分闸，导致操作中断。随后扩大停电范围，将220kV－4母线转检修，处置2212－4隔离开关。

（5）不同厂家的绝缘母线不应按照全绝缘的方式连接。

条款解读： 目前市面上绝缘母线厂家主要有环氧浇注、挤包绝缘、绕包绝缘三种技术

图 3-8　某 220kV 变电站 220kV 组合电器出线套管支撑架基础下沉

方式。如不同技术方式绝缘母线按照全绝缘方式连接，受限于管母对环境要求（温度、湿度）以及管母对全绝缘屏蔽筒的技术要求（退屏层、退屏尺寸、屏蔽筒与管母的安装方式），接头绝缘屏蔽铜无法满足不同技术方式绝缘母线的连接，且各厂家均无法提供接头的型式试验报告，运行中存在极大的安全隐患。

同时，受部分充气柜结构对连接管母的要求限制（退屏长度），挤包绝缘和绕包绝缘的管母无法与充气柜直连，需要用到环氧浇注的一段管母作为连接适配器。通常，适配器由开关柜厂家提供（外采），因此存在不同厂家管母的对接问题。目前，设计院通常按照全绝缘的方式设计管母。受限于物资采购的原因，现阶段在签订设备技术规范书时，中标充气柜厂家与管母厂家预先进行技术沟通，按照以下策略实施：

1）如绝缘母线具备与充气柜按照全绝缘方式直连的条件，技术上无壁垒，则正常实施。

2）如绝缘母线不具备与充气柜按照全绝缘的直连的条件，技术上存在壁垒，必须选用适配器（过渡接头），则按照敞开式接头的方式进行连接。开关柜厂家外购的适配器，应提供敞开式（不绝缘，相间距离不小于 300mm）接头，管母厂家与适配器对接，但整体接头需加装防护罩。防护罩为封箱方式，与带电体保持不小于 300mm 的空气静距离。

3）如绝缘母线不具备与充气柜按照全绝缘的直连的条件，技术上存在壁垒，必须选用适配器（过渡接头），则按照敞开式接头的方式进行连接。但要求接头设置在开关室外，由建设方协调双方厂家实施。

相关案例：2017 年 9 月，某 220kV 变电站 1 号变 35kV 侧绝缘母线发生故障，如图 3-9 所示，故障点在 301 开关柜适配器与绝缘母线接头。该绝缘母线于 2016 年 6 月投运，运行时间 15 个月。故障原因为甲公司生产的适配器（环氧浇注）与乙公司生产的绝缘母线（绕包绝缘）技术存在壁垒。绝缘屏蔽筒的退屏尺寸、安装的位置均不满足甲公司的技术要求，造成筒内电场分布不均。同时甲公司的适配器要求运行环境干燥，要求屏蔽筒做防潮处置，而乙公司的屏蔽筒及管母未作防潮处置，最终导致故障发生。

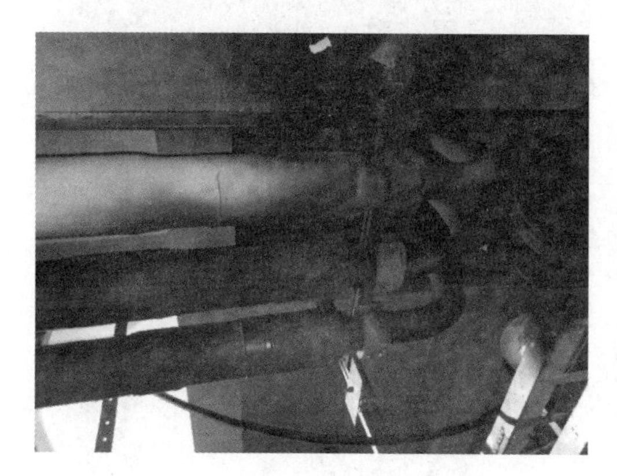

图 3-9　某 220kV 变电站 35kV 绝缘母线故障

（6）站内引线金具不应选用螺栓连接形式的金具，宜选用压接方式金具。

条款解读：采用螺栓连接形式的金具，金具与导线靠螺栓紧固方式连接，长期运行易发生螺栓松动或螺栓与导线间因脏污、锈蚀引发接触电阻升高，导致出现过热。

相关案例：某 220kV 变电站站内 220kV 和 110kV 引线金具为螺栓连接，存在过热问题，如图 3-10 所示。

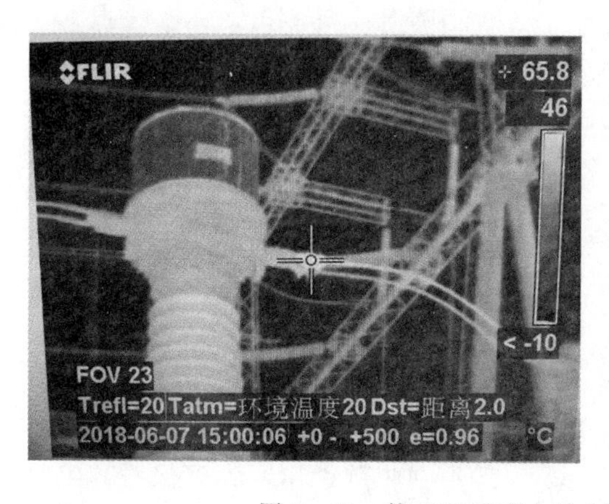

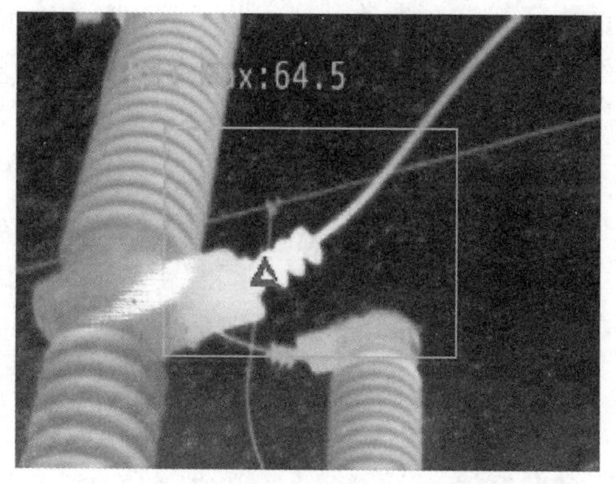

图 3-10　某 220kV 变电站 220kV 和 110kV 引线金具过热

（7）停电周期长的设备主导电回路（含接地引下线回路）金属连接面禁止施涂导电膏。

条款解读： 受导电膏本身油性材质性能影响，长期运行后导电膏油性降低、老化，导电性能下降，造成导电回路金具连接面接触电阻升高引发过热。

相关案例： 2017—2019 年，因导电膏老化引发接头过热问题共计 15 起，其中因导电膏老化导致发热 11 起，其他原因发热 4 起。2018 年，某 220kV 变电站 110kV 隔离开关引线接头和母线引线接头涂抹导电膏后，由于母线停电较困难，导致长时间运行，导电膏老化，油性下降导致运行中出现过热，如图 3－11 所示。

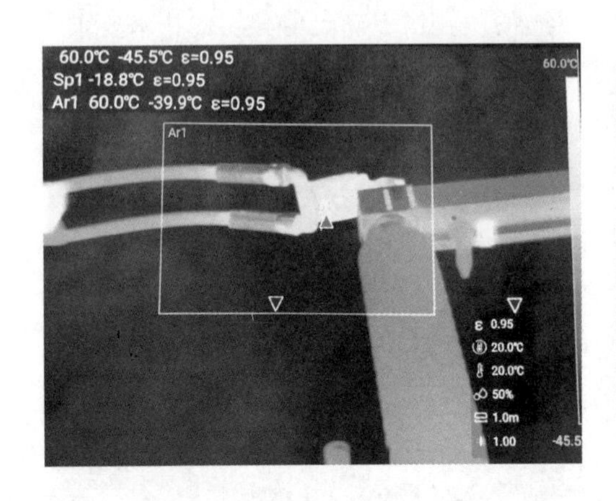

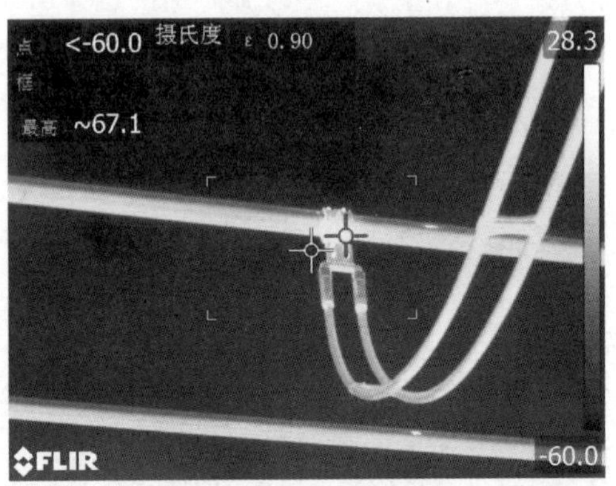

图 3－11　某 220kV 变电站 110kV 隔离开关引线接头和母线引线过热

第三节　防止绝缘和防雷接地事故

（1）在穿墙套管安装板与墙面接缝处以及周边户内外墙面施涂防污闪涂料，防止发生雨漏引起的设备外绝缘闪络。

条款解读： 在夏季强对流天气下，穿墙套管所在建筑物墙面被雨水打湿后，雨水将会沿着穿墙套管与安装板的接缝处以及墙面从户外渗入户内，严重时造成设备外绝缘闪络，给设备运行带来隐患。利用防污闪涂料具备憎水性的特点，在穿墙套管安装板以及所在墙面的户内和户外施涂防污闪涂料，使得雨水无法在穿墙套管安装板和墙面处停留，可有效预防雨水向户内渗漏。

相关案例： 2018 年 7 月 20 日大雨后，天津地区部分 220kV 变电站主变压器 35kV 穿墙套管出现渗漏情况，雨水沿墙面流入开关室，部分雨水流入开关柜柜体内，如图 3－12 所示。另外两座变电站主变压器穿墙套管周边由于施涂了防污闪涂料，雨水无法深入安装板和墙面，因此未出现渗漏现象，如图 3－13 所示。

（2）为减少设备投运后的例行试验项目，10kV 和 35kV 穿墙套管应选用结构简单、运行可靠的纯瓷套管，不得使用复合材质的套管。

条款解读： 干式复合套管由于自身结构特点，一般存在末屏引出，为确保对其绝缘状态的掌握，停电例行试验时需要从末屏测量介质损耗和电容量，但由于一般穿墙套管安装

图 3-12　35kV 穿墙套管户内渗雨

图 3-13　35kV 穿墙套管户外周边施涂防污闪涂料

位置较高，而且所处空间狭窄，试验条件有限。纯瓷穿墙套管由于结构简单，运行可靠，停电例行试验时仅需测量绝缘电阻。因此，为减少设备投运后的例行试验项目，10kV 和 35kV 穿墙套管应选用纯瓷材质。

相关案例：2018 年 11 月，对某 220kV 变电站主变压器低压侧 35kV 干式复合穿墙套管进行更换，发现穿墙套管末屏位于户内开关柜柜体内，安装位置较高，如图 3-14 所示，不具备测量电容量和介质损耗的试验条件。

图 3-14　干式复合穿墙套管安装位置较高

（3）为提高设备外绝缘水平，宜避免设备以半敞开形式进行布置。对现有在运的半敞开式设备应加强运行巡视，发现设备外绝缘积灰严重时，应立即安排清扫。

条款解读：天津为临海地区，盐雾和工业污染较严重，为提高设备防污闪水平，对户外设备全面施涂防污闪涂料，施涂防污闪涂料的设备无需每年定期清扫，只要按照 5～10 年的周期覆涂防污闪涂料即可，但由于半敞开设备有顶棚，通风条件差，雨水无法冲刷设备外绝缘上的积灰，所以需要定期进行清扫，无形中增加了设备的维护工作。

相关案例： 2014 年 12 月，对某 220kV 变电站 35kV 电抗器组进行检查，发现电抗器支柱绝缘子积灰严重，距离该设备上次小修清扫不到 1 年，如图 3－15 所示。2019 年 6 月，对某 220kV 变电站 35kV 电容器组进行检查，发现 35kV 电容器组套管积灰严重，距离上次小修、清扫时间不到 2 年，如图 3－16 所示。

图 3－15　35kV 电抗器支柱绝缘子

图 3－16　35kV 电容器套管

（4）金属氧化物避雷器监测器或计数器安装高度应为 1.8～2m，方便运维人员定期进行数据记录以及开展带电检测。

条款解读： 为掌握金属氧化物避雷器的运行状况，规程要求运维人员定期对避雷器的动作次数和泄漏电流进行记录，同时对 110kV 及以上避雷器，要求每年至少开展一次带电检测，然而由于部分避雷器监测器安装高度过高，甚至略高于避雷器底座，不便于观察，同时安全距离不够，无法开展带电检测。根据实际运维经验，将避雷器监测器安装在 1.8～2m 高度处，可方便运维人员观察记录数据和开展带电检测，而且当监测器故障时，也方便检修人员带电更换。

相关案例： 2016 年 4 月，对某 500kV 变电站避雷器监测器进行下移后，既方便运行人员巡视时记录数据，又可满足带电检测以及带电更换监测器的要求，如图 3－17 和图 3－18 所示。

图 3－17　原监测器

图 3－18　监测器下移后

（5）户外金属氧化物避雷器一次引线应使用硬质导线，不得使用软铜绞线。

条款解读：户外避雷器一般安装位置较高，避雷器引线易在风载荷下发生轻微抖动，若使用软铜绞线，在长期风载荷的作用下，软铜绞线易出现局部磨损，最终导致软铜绞线断裂，系统失去避雷器保护。

相关案例：2015 年 1 月，某 220kV 变电站 220kV 主变压器 10kV 侧避雷器一次引线断裂，如图 3－19 所示，经检查引线为软铜绞线，长期在风载荷下发生磨损导致断裂。2018 年 5 月，某 220kV 变电站 2215 单元 B 相避雷器监测器上口引线断裂，如图 3－20 所示，经检查为软铜绞线在风载荷作用下发生金属疲劳导致断裂。

图 3－19　避雷器一次引线断开

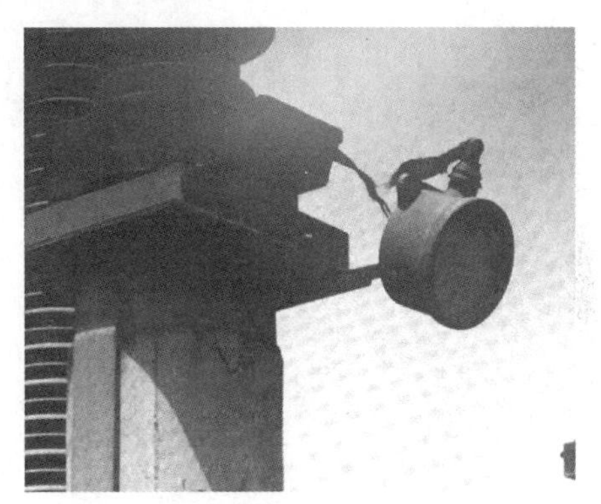

图 3－20　监测器上口引线断开

（6）为提高设备外绝缘水平，户外设备的外绝缘不得使用环氧树脂材料。

条款解读：环氧树脂材料在憎水性、抗紫外线等方面均劣于硅橡胶和纯瓷材料，天津大部分地区处于重污秽地区，在户外使用环氧树脂材料作为外绝缘时，环氧树脂的憎水性较差，其表面积灰后易发生闪络，且为提高设备外绝缘水平，应选用硅橡胶或瓷质外套。

相关案例：2019 年，某 500kV 变电站 35kV 电容器组放电线圈主绝缘采用环氧树脂材料，经过 1 年的运行，放电线圈表面积污严重，尤其是雨雪天气过后，憎水性显著下降，如图 3－21 所示。

图 3－21　采用环氧树脂材料的放电线圈

（7）为提高接地电阻器使用寿命和防火性能，接地电阻器内部支柱绝缘子应采用纯瓷材质，不得使用环氧树脂材料。

条款解读：在小电阻接地的系统中，线路高阻接地故障是继电保护的盲区，故障时将有上几十至上百安培的电流流过中性点，接地电阻器发热严重，严重时温度将在短时间内达上百摄氏度。一般情况下，环氧树脂材料的耐热等级为B级，工作温度为130℃，而陶瓷材料的耐热等级为C级，工作温度为180℃以上。因此，为提高设备的防火性能，接地电阻器内部的支柱绝缘子应选用纯瓷材质。

相关案例：2017年，某220kV变电站接地电阻器出现短期高阻故障，导致外壳温度升高，接地电阻器外壳过热变色、起皮，如图3-22所示，事后对接地电阻器内部进行检查，发现内部电缆终端受高温烘烤发黑、伞裙局部变形，如图3-23所示，需要重新制作电缆终端，内部支柱绝缘子为纯瓷材质，外观完好，且后期绝缘电阻、耐压试验数据合格。

图3-22　电阻器外壳

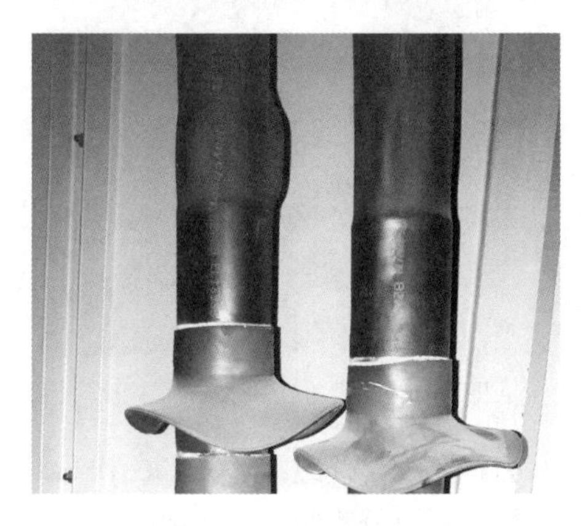

图3-23　电阻器内部电缆

（8）当接地电阻器使用条件为户外时，为提高设备的防水性能，接地电阻器外壳应使用不锈钢材质或水泥材质。

条款解读：目前大部分接地电阻器的外壳材料均为冷轧钢板，由于冷轧钢板的防锈性能较差，接地电阻器在户外运行五六年后极易发生锈蚀，导致其内部发生雨漏，影响设备正常运行，因此建议户外接地电阻器选用不锈钢或水泥外壳，确保不发生雨漏。

相关案例：2015年，某220kV变电站接地电阻器运行5年后外壳锈蚀严重，2016年将冷轧钢板外壳更换为水泥外壳，满足防雨漏要求，如图3-24和图3-25所示。

图3-24　冷轧钢板外壳

图3-25　水泥外壳

(9) 为防止开关柜内电缆在穿过封堵处出现局部放电，电缆在封堵平面上方的铜屏蔽长度不得少于10cm。

条款解读： 当电缆穿过开关柜内的封堵平面时，如果封堵平面距离电缆终端过近，则会出现无铜屏蔽层的电缆穿过封堵平面的情况，由于局部场强不均匀，将会导致电缆与封堵层交接面出现局部放电，长期放电会导致局部电缆绝缘老化，引发故障，因此，应确保电缆带着铜屏蔽穿过封堵平面，根据运行经验，在封堵平面上方铜屏蔽的长度不应小于10cm。

相关案例： 2019年6月，对某220kV变电站35kV开关柜开展带电检测，发现309、317、318、3062、3066开关柜后下部通风口处超声局部放电信号异常，将开关柜转检修后，打开后背板，看到电缆与封堵层之间有明显放电痕迹，如图3-26所示。人工施加试验电压后，进行超声局部放电和紫外检测，发现电缆根部有明显放电信号，如图3-27所示。重新制作电缆头，并确保电缆屏蔽层位于封堵平面上方，进行超声局部放电和紫外复测，放电信号消失。

图3-26　开关柜内电缆放电痕迹

图3-27　紫外检测结果

第四节　防止无功补偿类设备损坏事故

(1) 户外或户内布置的并联电容器组，应在其四周或一侧设置维护通道，维护通道的宽度不宜小于1.2m。

条款解读： 并联电容器组在每组回路中配置电容器、串联电抗器、避雷器、放电线圈、带接地的隔离开关等。设置维护通道能够保证正常运行时，运行人员巡视设备安全通行。

相关案例： 2015年2月，对某220kV变电站35kV电容器组进行验收，发现电容器组只在正面设置维护通道，其他三面均无维护通道。正面布置依次是刀闸柜、电抗器、电容器，刀闸柜遮挡后面的设备，无法正常巡视，如图3-28和图3-29所示。

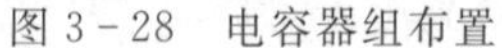
图 3-28　电容器组布置

图 3-29　俯视图

（2）干式空芯并联电抗器应避免半敞开式布置。

条款解读：干式空心电抗器漏磁很大，如果安装在半敞开处，会导致屋顶发热。另外35kV 干式空心并联电抗器层间间隙较大，如有鸟类等异物进入，易导致故障发生，需加装防鸟罩，而半敞开布置的电抗器无法安装防鸟装置。

相关案例：2016 年 8 月，对某 220kV 变电站 35kV 并联电抗器进行测温时，发现楼顶钢筋温度过高，如图 3-30 所示。

（3）并联电容器装置应设置安全围栏，为了解决金属围栏材料锈蚀、运行寿命短等问题，围栏材质宜采用非金属材料，如采用金属材料时，应进行有效的防腐处理。

条款解读：并联电容器装置的安全围栏，除了保障运行人员的人身安全外，还起着防范小动物侵袭造成电容器装置短路事故的作用。

相关案例：某 220kV 变电站 35kV 并联电容器装置投运刚过 5 年，安全围栏就锈蚀严重，威胁设备安全运行，如图 3-31 所示。

（4）500kV 及以上变电站新投运的干式空心并联电抗器应要求厂家对电抗器包封逐层喷涂 RTV；已运行的干式空心并联电抗器在条件允许的情况下应采用“干式空心电抗器全包封防护工艺技术”，对电抗器气道内全表面喷注专用涂料，实现电抗器气道内全方位防护。

条款解读：干式空心电抗器故障率较高，原因为：线圈使用的绝缘材料为环氧树脂，户外高温高湿易造成绝缘老化，特别是频繁投切时，投切前后温差大，造成热胀冷缩，包封会发生爆裂现象，使电抗器内部绝缘大幅下降。

相关案例：某 500kV 变电站发生干式空心电抗器匝间短路故障，事发原因为电抗器内部包封的绝缘下降引起匝间短路，匝间短路造成故障点严重发热，在极短的时间内（秒级甚至毫秒级）发生烧熔，破坏临近匝间绝缘并迅速蔓延，造成电抗器损毁，如图 3-32 所示。

（5）距离干式空心电抗器中心 2 倍直径的周边和垂直位置内，不得有金属闭环存在。干式空心电抗器下方铁埋件不应构成闭合回路。

条款解读：干式空心电抗器的强磁场会对周围构成闭合回路的铁构件造成影响，产生涡流引起发热。

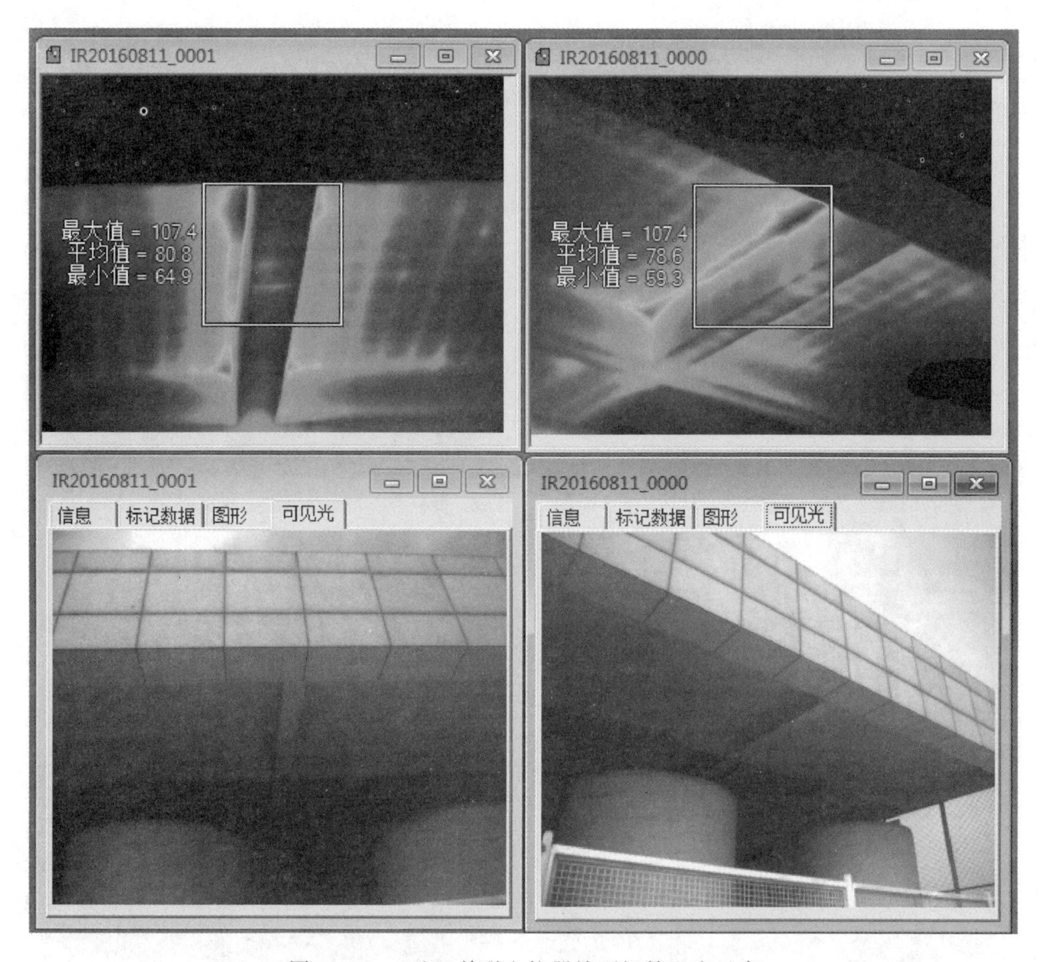

图 3-30　35kV 并联电抗器楼顶钢筋温度过高

图 3-31　电容器装置围栏

相关案例： 某 1000kV 变电站 110 kV 电容器组靠近电抗器侧围栏局部过热，原因为围栏通过接地排，与铁埋件形成闭合回路，在强磁场作用下形成环流，导致局部过热，如图 3-33 所示。

图 3-32 某 500kV 变电站干式空心电抗器发生故障

图 3-33 110 kV 电容器组围栏局部过热

第五节 防止低压直流设备损坏事故

（1）对 Dy11 接线的干式所用变压器，高压侧各连杆之间的距离、连杆与电缆之间距离、电缆与柜体或墙体之间的距离，35kV 不小于 300mm，10kV 不小于 125mm。

条款解读： 干式所用变压器生产厂家在高压侧连杆上加装了绝缘材料，从而减小了连杆之间的距离，但绝缘材料与变压器本体不同寿命，随着时间推移，绝缘材料会老化，存在放电风险。施工单位安装中未严格执行配电装置最小安全净距要求，造成连杆与电缆、电缆与柜体或墙体之间安全距离严重不足。

相关案例： 2019 年，某 220kV 站基建验收中发现，干式所用变压器连杆之间、连杆与电缆、电缆与柜体安全距离严重不足。2008 年，投产的某 220kV 变电站干式所用变压器连杆之间、连杆与电缆、电缆与柜体安全距离严重不足，如图 3－34 和图 3－35 所示。

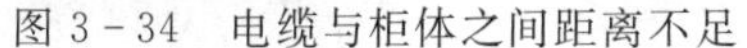

图 3－34 电缆与柜体之间距离不足

图 3－35 连杆之间、连杆与电缆之间距离不足

（2）2 组蓄电池配置 3 套充电装置的变电站直流电源系统，公用充电机应能实现自投，即当正常运行的一台充电机故障退出时，公用充电机应自动投至故障充电机所带母线。

条款解读：对 2 组蓄电池配置 3 套充电装置的接线方式，《电力工程直流电源系统设计技术规程》（DL/T 5044—2014）中规定“2 组蓄电池配置 3 套充电装置时，第 3 套充电装置应经切换电器对 2 组蓄电池进行充电。”很多生产厂商将第 3 套充电装置切换设置为手动切换，但目前 220kV 和 500kV 变电站均为无人或少人值守，公用充电机实现自动切换可确保直流母线及时由充电机供电，避免蓄电池组过度放电造成母线电压降低，影响二次设备正常运行。

相关案例：2019 年某 220kV 站基建验收中发现，公用充电机对 1、2 号充电机不具备自动切换功能，后与生产商协商，改为第 3 套充电装置自动切换对 2 组蓄电池进行充电，如图 3－36 所示。

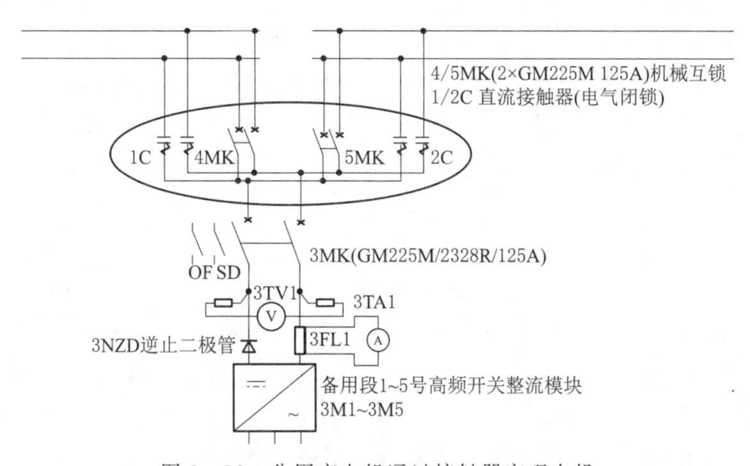

图 3－36 公用充电机通过接触器实现自投

（3）变电站直流电源系统每台高频充电机输出端加装逆止阀，确保充电机输出直流电

压为单向，即只由充电机向充电母线充电，而不能反充电。

条款解读： 对直流电源系统中高频充电机输出端加装逆止阀，使电流流向为单方向从充电机到充电母线，防止在充电机交流电源断开的情况下直流母线对充电机反充电。

相关案例： 2019 年某 220kV 变电站直流电源系统改造项目中中标的充电机，生产厂家未在高频充电机输出端加装逆止阀，后经技术协商，厂家同意加装，如图 3-37 所示。

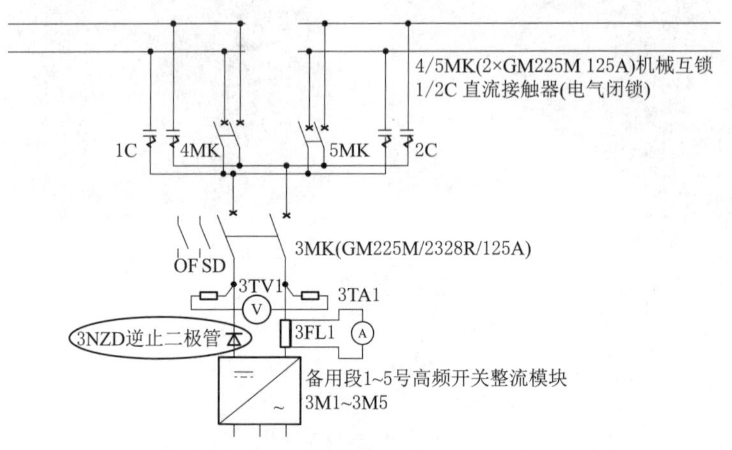

图 3-37　在充电机输出端加装了逆止阀

第六节　防止继电保护设备事故

（1）用母联给母线充电时，充电前将充电保护投入，母联开关合闸后将充电保护退出。当母联配置自投，自投功能投入后，应投入充电保护，当自投动作，母联开关合闸后，将充电保护退出。

条款解读： 当使用母联（分段）进行充电时，应投入充电保护，投于故障时应快速切除，不影响正常母线运行。备自投投入时，母联（分段）处于分位，备自投动作时合入母联（分段）开关，投于故障时应能快速切除，因此备自投投入即须投入充电保护。充电保护一般较灵敏，定值小，动作快，当使用独立的充电保护时，备自投动作或充电完毕后，母联充电保护需退出，否则当充电保护为长充时，在有系统短路故障时容易误动。

相关案例：

案例一： 某 220kV 变电站 35kV 单母分段运行，1 号变受总 301 运行在Ⅰ母，2 号变受总 302 运行在Ⅱ母，分段 345 开关正常分列运行，分段 345 备自投功能投入。某日Ⅱ母线出线 315 线路故障，315 开关失灵未跳开，2 号主变压器低压后备保护动作切除受总 302 开关，分段 345 备自投动作，合上分段 345 开关，随后 1 号主变压器后备保护动作跳开受总 301 开关，35kV 两段母线失压。

该站分段 345 配有独立充电保护，故障前充电保护未投入，备自投保护无后加速功能。1、2 号主变压器保护低压后备保护未投入跳分段 345 及闭锁 345 备自投。35kV Ⅱ母 315 出线发生故障时，因出线开关失灵，线路保护动作但不能切除故障，简易母差被闭锁，2

号主变压器低压后备保护动作跳开受总 302 隔离故障，受总 302 开关跳开后，备自投满足动作条件，跳受总 302 开关，合分段 345 开关，合于故障后，由于充电保护未投入，分段 345 开关未第一时间跳开，经过 1 号主变压器低压后备延时跳开受总 301 开关，切除故障，造成 35kV 两段母线失压。

案例二： 某 220kV 变电站双母线接线方式，母联 2245 合环运行。某日母联 2245 充电保护动作，跳开母联 2245 开关，现场无操作。经检查，现场母联 2245 保护装置为 PSL631 保护装置，现场充电保护压板长期投入，定值单中投入充电保护功能。实际装置定值中按充电保护功能进行整定，充电保护功能非短时充电保护，为纯过流保护，不判开关位置由合变分等条件，只要流过电流大于定值就会出口跳闸。事故中电网发生线路区外故障，母联 2245 开关流过区外故障电流，造成充电保护误动作，跳开母联 2245 开关。

（2）双重化保护配置的继电保护，第一套保护、控制及其附属设备对应Ⅰ段直流母线，第二套保护、控制及其附属设备对应Ⅱ段直流母线。验收时应注意直流分电屏总进线电源的正确性。

条款解读： 若双重化配置的两套保护电源与控制电源不是分别一一对应地取自同一直流母线段，则当一段直流发生异常时，一套保护的控制和另一套保护的装置电源将出现异常，导致两套保护都无法正确动作，造成保护的拒动，因此，在直流双重化配置过程中，每套保护装置的装置电源与其对应的跳闸回路所用的操作电源应取自同一组蓄电池组供电的直流母线段，为使站内直流与保护、控制统一，特规定Ⅰ段直流对应第一套保护和控制，Ⅱ段直流对应第二套保护和控制。

相关案例： 某 220kV 变电站的 3 面直流分电屏（2 面 220kV，1 面 110kV）上直流空气开关的使用情况存在异常。以 220kV 直流分电屏 1 为例，屏内两段直流母线分别提供给 220kV 间隔第一套保护的保护电源与控制电源，而两段直流母线进线电源分别取自站内直流母线Ⅰ段和Ⅱ段。一旦变电站失去了任一段直流，将会造成全站双重化配置的两套保护一套失去保护电源，另一套失去控制电源，单套保护配置的间隔将一定会失去保护或者控制电源，导致整个变电站全部继电保护功能失去作用，造成保护拒动，严重时会引发巨大的电网风险。

（3）保护屏（柜）内任何设备均应配置空气开关，交、直流二次回路应使用专用的交、直流空气开关，上下级宜采用同一厂家产品，满足级差配合要求，若采用不同厂家产品，应进行上下级动作时限配合试验。

条款解读： 交、直流空气开关不得混用。线路电压互感器抽取电压或其他同期用电压也应配置交流空气开关。各保护装置电源空气开关独立配置，且和上级空气开关满足配合要求，保护屏（柜）内任何设备均有对应的空气开关，电压互感器空气开关满足级差配合要求。

相关案例： 某 220kV 变电站，220kV 母线 BP－2B 保护屏内，对时电源转换器未经空气开关直接接至端子排上，某日该对时电源转换器发生了短路，导致 220kV 2 号分电屏上的“乙母线保护Ⅱ”和 2 号直流馈出屏“220kV 保护 2”空气开关掉闸，导致事故扩大，该直流馈出线屏所带负载全部失压。经查，该站 2 号分电屏与 2 号直流馈出屏空气开关使用不同厂家产品，动作时间不满足时限配合要求。

（4）防跳继电器不串联多余回路（如控制回路闭锁节点），继电器负端直接接至负电，防止防跳继电器无法保持。

条款解读：当发生合闸接点粘连时，若发生故障跳闸，防跳继电器应能可靠断开合闸回路，避免造成断路器跳跃，合闸接点断开前防跳继电器应能保持。因此防跳继电器保持回路应尽量减少不必要的回路，防止因串联回路接点断开造成防跳继电器失去作用。

相关案例：某500kV变电站进行断路器防跳回路传动时发现，当断路器合闸后立即分闸，防跳继电器不起作用，合闸后停顿0.5s再分闸，防跳继电器可可靠闭锁合闸。对其防跳回路进行检查发现防跳继电器负电侧回路中串联了压力闭锁常闭接点，压力正常时该继电器常闭接点为接通状态。现场模拟开关动作，发现开关动作时该接点存在抖动现象，在接点抖动时防跳继电器不能保持，造成开关跳跃。

（5）对于采用弹簧的机构开关，需将弹簧未储能接点接入“低气压闭锁重合闸”。

条款解读：以分相开关单重方式为例，如弹簧未储能信号不接入低气压闭锁重合闸，线路发生单相瞬时接地故障，开关单跳后重合闸动作，开关重合良好。此时该相开关处于弹簧未储能状态，如该相储能速度较慢或者储能电机故障、储能电源消失等，导致线路保护在重合闸充电时间满足后，该相仍处于未储能状态，此时线路保护未接低气压闭锁重合闸，重合闸充电成功。此时如该相再次发生单相故障，则开关仍会单相跳闸，而开关由于实际尚未储能完成，不能合闸，可能导致非全相动作。

（6）开关控制电源仅用于开关分合闸回路及非全相回路，不应用于刀闸控制、计数器等其他回路；直流分电屏额外设置一路电源供汇控柜内除二次设备以外的直流供电使用。

条款解读：开关控制电源对于开关保护动作及开关分合行为正确都异常重要，因此应保证开关控制电源只用作开关分合闸以及可导致开关分闸的非全相继电器使用，汇控柜内其他装置、控制电源应通过其他方式供电。

相关案例：

案例一：某220kV变电站，低压侧为单母分段接线方式。一台主变压器低压侧后备保护动作，跳开低压侧受总，低压自投动作，合闸于故障，充电保护动作跳开母联开关，造成低压一段母线失电。该母线所有间隔刀闸控制电源取自开关控制电源，且未采用独立空气开关，线路311间隔刀闸控制回路短路，造成线路311开关控制电源断开，此时线路311出线故障，开关拒动，造成了事故扩大。

案例二：某站35kV开关计数器并联于合闸线圈上，使用控制电源。当合闸线圈烧毁时，合闸监视继电器经计数器形成回路，合闸监视回路未断开，无法发出控制回路断线信号，影响断路器和运行状况监视。经整改，将计数器从控制回路移除，使用单独电源供电，避免因计数器影响控制回路。

（7）备自投电压互感器空气开关应采用分相空气开关，使用合并单元时，合并单元前的电压互感器空气开关也应采用分相空气开关。

条款解读：备自投保护电压二次空开断开时，相当于母线失压，若有流闭锁未达到定值，会导致备自投误动。若使用分相空气开关，单相空气开关断开，不能达到低压定值，备自投不会误动，大大减小备自投因电压二次回路问题误动的风险。

相关案例：某220kV变电站35kV分段345开关柜内进行清扫工作时，作业人员误碰电压二次回路，造成电压A相二次接地，分段345备自投Ⅰ母电压三相空气开关跳开，35kV Ⅰ母仅有一条线路轻载运行，备自投保护有流闭锁未达到定值，备自投动作，跳开受总301开关，合上分段345开关。

（8）电压切换箱“电压并列”信号应使用与线路保护电压切换继电器同类型的继电器接点，“电压失压”信号应使用非自保持继电器接点。

条款解读：采用开关辅助触点双位置输入方式的电压切换箱，其切换回路中同时具有自保持继电器和非自保持继电器，均可用来发电压并列信号。保护利用自保持继电器实现双位置输入方式下的电压切换功能时，应使用自保持继电器接点发送电压并列信号，实时反映保护装置采集电压的情况。

相关案例：某220kV变电站进行110kV Ⅰ母停电操作，将所有间隔刀闸操作至Ⅱ母后，拉开110kV Ⅰ母受总开关，110kV Ⅰ母、Ⅱ母电压互感器二次空气开关同时跳闸，110kV间隔保护装置失去电压。

现场110kV保护装置采用双位置输入方式的电压切换，现场采用非自保持继电器发电压并列信号。当进行倒母线操作时，线路115间隔从Ⅰ母倒至Ⅱ母，合上Ⅱ母刀闸后，Ⅱ母隔离开关辅助触点均正常动作，Ⅱ母自保持继电器也正常动作，此时监控后台报线路115间隔电压并列。到操作Ⅰ母刀闸拉开后，线路115间隔电压并列信号消失。实际上线路115间隔Ⅰ母刀闸常开辅助触点打开，常闭辅助触点异常，未正常闭合，造成Ⅰ母自保持继电器无法复归，这时通过电压切换回路造成二次电压并列。而由于此时Ⅰ母刀闸常开辅助触点已打开，Ⅰ母非自保持继电器已复归，线路115保护电压互感并列信号能够正常复归。

当进行停母线操作时，由于110kV Ⅰ母电压互感器二次空气开关未拉开，造成110kV Ⅱ母向Ⅰ母电压互感反充电。二次反充电时将产生很大的短路电流，造成电压互感二次空气开关跳闸。

（9）电压互感器应随母线同期投运，严禁采用与连接母线电压互感器二次并列的方式运行，避免造成继电保护配置及整定难度的增加。

条款解读：若无电压互感器段母线上某线路发生故障，且该开关失灵，该母线失灵保护动作，第一时限跳开母联/分段开关，母联/分段开关成功跳开，非故障母线电压恢复正常，该段母线由于采用非故障母线电压，导致复压闭锁条件不满足，第二时限跳该母线，其他所有开关无法动作，等同于失灵保护拒动作，只能依靠线路对侧后备段保护动作切除故障，延长了故障切除时间。

相关案例：某220kV变电站220kV母线采用双母线双分接线方式，其乙段母线无电压互感器，使用甲段母线电压。某日，5乙母线上运行线路2218出线故障，差动保护动作，线路2218开关失灵未跳开。乙母线失灵保护动作Ⅰ时限跳开母联分段，母联分段跳开后，二次电压恢复正常，失灵保护未跳开5乙母线，造成对侧后备保护动作，扩大故障。

（10）母差保护动作，应优先采用母差保护动作接点闭锁母联分段备自投。

条款解读：母差保护动作，应闭锁相应的母联分段备自投保护，防止电网再次受到冲击。目前，大部分保护采用母差跳母联分段出口接点闭锁自投保护，经验证，某些厂家母差保护，在母联分段分列运行时，母差保护动作不会发出跳母联分段命令，因而无法闭锁相应的自投保护，从而造成自投保护误动作。

相关案例：某站110kV双母线运行，母联145开关处于分位，母联145备自投投入状态。某日110kV 5母线故障，母线保护SGB750动作跳开5母线所有间隔，随后母联145备自投动作，合上母联145开关后加速跳开。

SGB750母差保护在母联分位的情况下［除V1.02、V1.03b、V1.03G（B）三个版本］，均不跳母联开关，该站采用母差跳母联分段出口接点闭锁自投保护，此种接线方式将导致母差闭锁自投功能丢失。

（11）线路保护复用通道宜采用固定路由方式，不进行路由自动切换。对于使用单通道的线路保护装置，其备用通道光纤应采用冷备用方式。

条款解读：线路光纤电流差动保护采用采样时刻调整法进行同步采样，该方法要求主机与从机之间通道传输延时应相等，这要求通道收发路由应相同。由保护通道收发延时不一致导致装置存在差流值，该差流值随着线路电流变化而变化，在负荷较小时不会有任何告警，隐蔽性强，若发生区外故障，线路流过较大穿越电流，造成的差流值可达到保护动作值，可能导致保护误动。

目前继电保护复用通道光纤通信系统组网方式多采用自愈环网，当发生意外故障，能自动切换路由重新建立通信。对于使用如二纤双向通道倒换环的自愈环网，通道故障倒换后，会出现收发路由不一致的情况，不满足继电保护要求。因此若使用自愈环网，应至少采用二纤双向复用段倒换环（通道故障时收发路由同时倒换），保证通道故障倒换后收发路由仍一致。

相关案例：某500kV变电站某双回线RCS931线路保护装置差流异常，保护装置内两侧同相电流角度差为160°（理论值应为180°），造成了装置差流越限。

该双回线保护使用复用通道，使用TY-3006F光电转换装置，两个2M通道热备运行，事件发生时主通道正常，备用通道故障前发生通道自动切改，切改后存在收发路由不一致的情况。TY-3006F光电转换装置原理上实时对两通道数据进行对齐，虽然保护运行的主通道正常，但与备用通道对齐后延时存在收发不一致的情况，造成差流异常。

第七节　防止输电设备事故

（1）在220～500kV新建线路设计时应结合鸟害风险分布图，对于鸟害重灾区采取防鸟挡板或者增加绝缘子串结构高度等有效措施，尤其是在复合绝缘子采取双串化设计的区段。不能单纯考虑依据驱鸟设施的保护范围评价驱鸟设施的有效性。

条款解读：天津宝坻、静海等局部地区鸟害严重，鸟害故障率占主网线路的故障的较大比重，另外近年来复合绝缘子的双串化设计在一定程度上降低了线路的绝缘性能，传统的鸟刺等驱鸟装置并不能形成有效的保护范围，应综合考虑采取差异化措施，视情况采取加装倒鸟刺、防鸟锥等措施弥补宽横担挂点上方空隙；Ⅲ级鸟害区应在落实Ⅱ级鸟害区措施基础上采取加装防鸟挡板或防鸟针板等组合型防鸟措施。

相关案例：2019年，天津宝坻、蓟州等地区多条500kV线路发生鸟害故障，部分新建

500kV 出线均未考虑防鸟设施，为后期线路运维带来巨大压力。图 3－38 为 2019 年 9 月 24 日，某 500kV 线路鸟害故障点，图 3－39 为结合鸟害严重程度采取的差异化防鸟措施。

图 3－38　某 500kV 线路鸟害故障点

图 3－39　差异化防鸟措施

（2）在输电线路耐张线夹引流板螺栓连接处应注意因型号不匹配而引起的缺陷，对于接头连接方式选择不当的情况，应更换引流线金具，选择匹配的金具重新进行压接。

条款解读：在输电线路发生切改的情况下，往往存在不同线径的导线连接的情况。其对接位置通常选择在耐张线夹引流板的螺栓连接处。如果设计单位忽略导线线径不一致的细节，提资错误，将会导致后续施工阶段耐张线夹引流板连接不配套，从而使对接处接触面积不足，给设备运行带来过热隐患。运行单位应在图纸审核、竣工验收阶段多次关注此问题，发现缺陷应立即要求建设单位进行整改，可有效预防运行阶段过热缺陷的发生。

相关案例：2018 年 10 月，在对某 220kV 线路切改后，运行人员在验收过程中发现 20 号塔引流线连接处对接错位，金具型号不匹配，如图 3－40 所示。经连夜整改，对引线线金具完成了更换，缺陷在送电前消除，如图 3－41 所示。

图 3－40　引流线连接处对接错位

图 3－41　引流线消缺整改完毕

图3-42　吊车施工隐患

(3) 应在线路通道重要隐患点位加装防外破在线监拍装置，及时发现、制止危及线路安全运行的行为。

条款解读： 随着新增线路投运，线路通道运维压力也在递增，但对应防护人员无法实现无限增长。同时现阶段防外破工作的特点为不定时、不定点且随机性较大，传统的人防手段难以实现24h管控，人防手段已经达到了极致，通道隐患频发与防护手段单一之间矛盾日趋突出。通过隐患点位防外破在线监拍装置的推广使用，可有效缓解该矛盾，提升通道隐患管控效率。

相关案例： 2020年1月，通过在线监测装置发现某1000kV线下存在吊车施工隐患，如图3-42所示。护线人员立即赴现场监护至当日施工完成，并安装警示标识，如图3-43和图3-44所示，有效避免了潜在外破掉闸事件的发生。

图3-43　安装警示标识

图3-44　处理完成

2020年6月，通过在线监测装置发现某500kV线下保护区内供热管道吊车施工，如图3-45所示。护线人员立即前往施工现场进行现场查看，由于施工方安全措施不到位、安全员不在现场，叫停了相关施工作业行为。

(4) 在线路检修、抢修工作前，应核对备件各项参数是否与原件相同或满足设计要求，核对无误后再行安装。

条款解读： 在设备检修、抢修过程中应尽可能使用与原件相同的备件，如无法满足原

图 3-45 保护区内供热管道吊车施工

件参数需求，应经设计人员验算无误后方可使用，且更换前应由工作负责人再次核对备件电气参数及生产厂家，并做好设备变更的相关记录。

相关案例：2020 年 6 月，某 220kV 线路发生绝缘子断串故障，经查，直接原因是雷电过电流造成绝缘子击穿，根本原因是该线路在 2013 年抢修过程中使用的备品绝缘子与原绝缘子电气参数存在较大差异，绝缘子爬电距离从 450mm 缩短至 400mm，盘径从 280mm 缩短至 255mm，同时设备实际生产厂家生产资质不满足国网要求且与供货商不符，为后期设备故障埋下隐患。图 3-46 为绝缘子被击穿造成的钢帽脱落，图 3-47 为击穿绝缘子碎裂情况，图 3-48 为更换下的整串不合格绝缘子。

图 3-46 钢帽脱落

图 3-47 击穿绝缘子碎裂

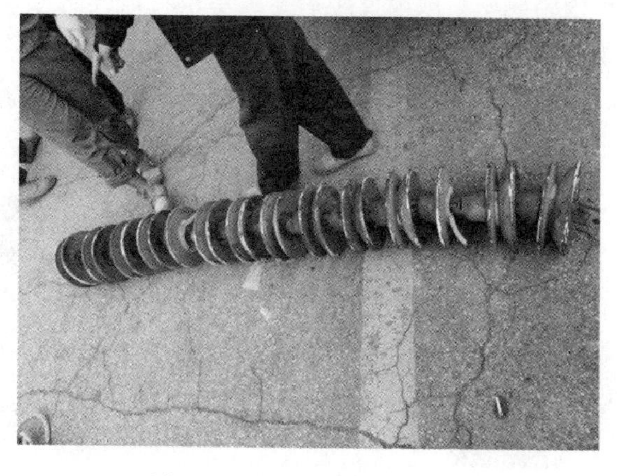

图 3-48 整串不合格绝缘子

(5) 对新投运、切改线路应开展线路通道公证工作。

条款解读：随着架空输电线路运行社会环境、自然环境的日趋复杂，设备运行维护的法律风险也日趋增大。线路投运后因征地、保护区内新建房屋、原有高跨树木更换树种等问题，易诱发恶意投诉、法律纠纷等问题；基建遗留树木在清理砍伐后，仍有恶意栽种树木等二次赔偿，协调处理难度大。通过公证方式进行前期证据保全固定，可摆脱纠纷发生后电力公司无相关证据，或自行收集的证据证明力有限的困境，解决专业实际问题。

相关案例：500kV 航蔡一二线、正吴一线、特高压密集通道等线路已开展通道公证工作，图 3-49 为公证过程现场图片。

图 3-49　公证现场

(6) 线路绝缘配置必须兼顾防污、覆冰和覆雪的需要。

条款解读：绝缘子串中加装若干增爬裙；绝缘子串顶部加装大盘径伞裙或封闭型均压环；使用大盘径绝缘子插花串以及复合绝缘子采用一大多小相间隔的伞裙等措施，防止发生覆冰和覆雪闪络。

相关案例：2015 年 2 月，某 500kV 线路发生湿雪闪故障，当日故障线路地区普降中雪，巡视发现部分绝缘子上存在积雪情况，23 号塔、25 号塔中线（B 相）、27 号塔右边线（C 相）合成绝缘子均压环有放电痕迹，判断为部分积雪融化，且空气湿度较大，造成线路闪络跳闸。故障发生后运维单位将该线路悬垂绝缘子全部更换为防冰绝缘子，湿雪闪故障未再发生。图 3-50 为湿雪闪放电痕迹。

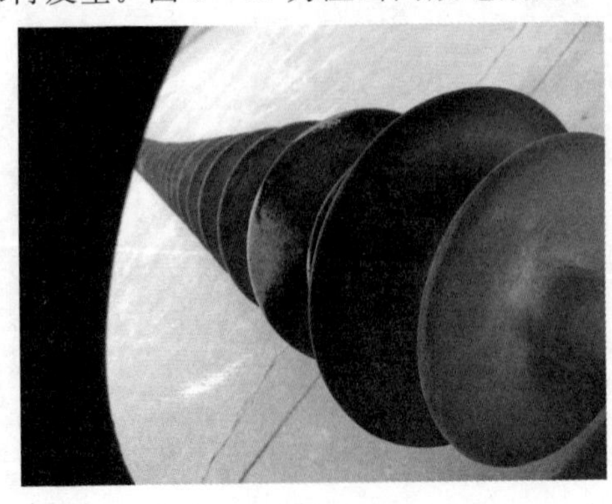

图 3-50　湿雪闪放电痕迹

（7）新建及在运线路应根据所在舞动区域采取有效的防舞措施。

条款解读：发生过舞动的线路应组织开展登杆检查及缺陷消除工作，同时对于二级及以上的舞动区域逐年开展螺栓检查紧固工作，对已发生过舞动故障的线路应开展舞动治理工作，对于二级及以上舞动区域应按照差异化治理原则开展舞动治理工作。沿海 20km、舞动区域 5km 范围内应开展舞动差异化治理工作。

相关案例：2020 年 2 月，受强冷空气影响，天津地区出现大风降温降雪恶劣天气，持续时间为 2 天。某 500kV 线路同一天连续两次发生线路舞动故障，故障区段天气情况为：大风大雪天气，气温为 −4～1℃，东北风，与线路走线夹角 45°～60°，风速 17.1～21.8m/s，杆塔及导线轻微覆冰（厚度小于 5mm），故障线路未采取防舞措施。图 3－51 为杆塔覆冰情况，图 3－52 为线路舞动故障点。

图 3－51　杆塔覆冰情况

图 3－52　线路舞动故障点

（8）新建线路或采用特种导线的线路应在线路投运前对接续金具开展 X 光探伤，在运线路应对接续金具安排周期性 X 光探伤检查。

条款解读：接续金具压接属隐蔽工程施工，压接质量受施工人员经验及技能水平影响大，需要通过 X 光探伤对耐张线夹压接质量进行直观检查。使用耐热导线等特种导线时由于工艺要求不同，压接质量控制难度更大，需要在线路投运前进行全线 X 光探伤。

相关案例：2019 年 10 月，某 500kV 线路（未投运）发生导线从耐张压接管中拉出的故障，该线路使用 JLHA3－425 导线。经现场检查确定为压接质量不合格，由于当天气温骤降，线路张力增大造成导线从耐张线夹中拉出。图 3－53 为故障点位置，图 3－54 为拉出导线情况。

图 3－53　故障点位置

图 3－54　拉出导线情况

第八节 防止消防类设备事故

(1) 变压器固定灭火消防系统所采集的各侧开关位置应取自开关辅助触点（或者开关机构内的扩展节点），并采用常闭接点的形式。

条款解读： 为保证开关位置变位的可靠性，尽量减少中间转接环节，应直接取自开关机构内的开关辅助触点，若开关机构本身具备辅助触点扩展节点，也可以使用。

相关案例： 部分老旧变电站开关位置回路设计采自保护装置的 TWJ 和 HWJ 继电器节点实现，若该部分继电器损坏将会导致消防装置拒动；同时因转接点较多，回路接点断路的可能性增大，不利于设备的正常运行，因此需要直接从开关机构处采集辅助接点（图 3-55），增强可靠性。

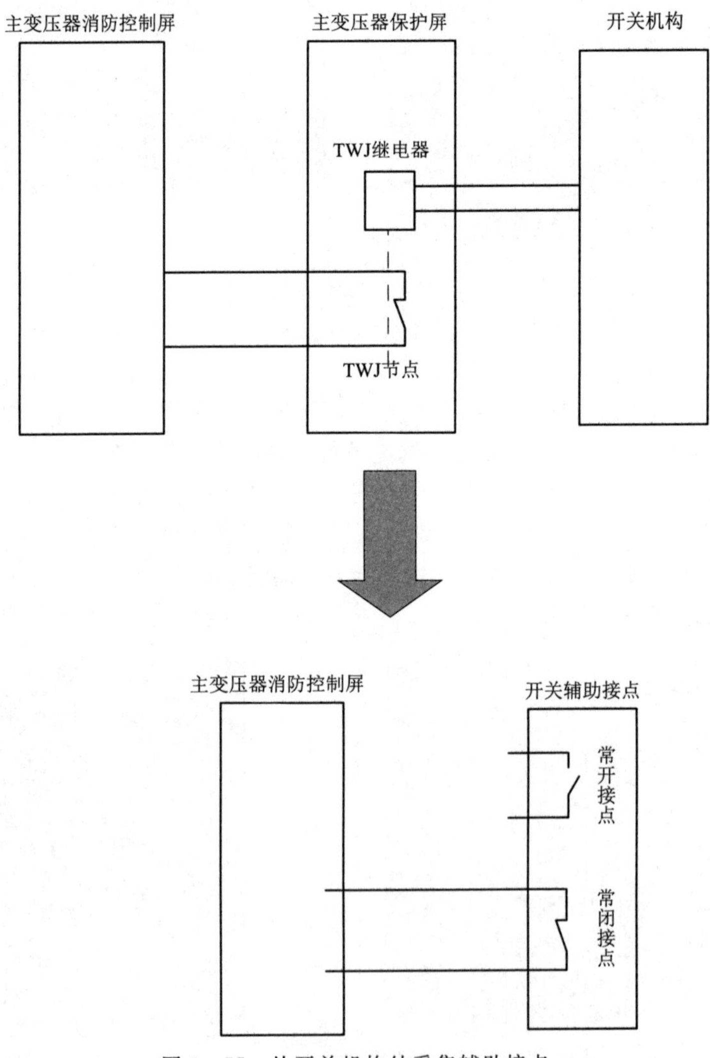

图 3-55 从开关机构处采集辅助接点

若采用开关辅助节点常开节点，在开关合位的情况下节点闭合，消防装置开入继电器长期带电，会加速继电器老化；若采用常闭节点，在开关合位时节点打开，开入继电器不带电，利于稳定运行。

（2）主变压器固定灭火系统一般分为继电器型式和总线型式两种方式。采用总线型式的变压器固定灭火系统，所采集的开关位置信号和火灾探测信号应通过单独的电缆分别上送至主变压器智能控制屏，并在屏内接于不同的总线插件上。

条款解读：某些变电站主变压器消防装置与火灾报警装置共用，采用了总线型式采集各类开入信号。若开关位置信号和火灾探测信号接在同一总线插件上，在某些特殊情况下，若该总线插件故障，会造成该插件上所接入的信号误变位，有可能造成水喷雾系统和泡沫喷雾系统误动作。因此需要将两路启动信号分别接入不同的总线插件上，当一路发生故障误变位，只会误报告警信号，不会导致主变压器消防误动作。

相关案例：某 220kV 变电站主变压器固定灭火装置与火灾报警共用，为总线型式。因雨季期间墙体渗水导致墙内火灾报警接线盒浸水，第一路总线短路，导致某变压器水喷雾消防系统误动作。经查，该变压器消防两路启动条件（开关位置和火灾探测）均接在第一路总线回路上，因总线 1 回路浸水导致短路，导致总线 1 插件内的接入量误变位，从而造成主变压器消防误喷淋。

（3）主变压器水喷雾固定灭火系统雨淋阀应急手动启动阀门应有可靠的防误碰开启的措施。

条款解读：主变压器水喷雾系统出口雨淋阀组的应急手动启动阀门若误碰开阀，将直接导致雨淋阀失压开启，对喷淋系统存在安全隐患，应采取必要的防误碰措施，如在手动阀外部增加防护罩（图 3－56）或采用其他不会因误碰导致开启的阀体形式。

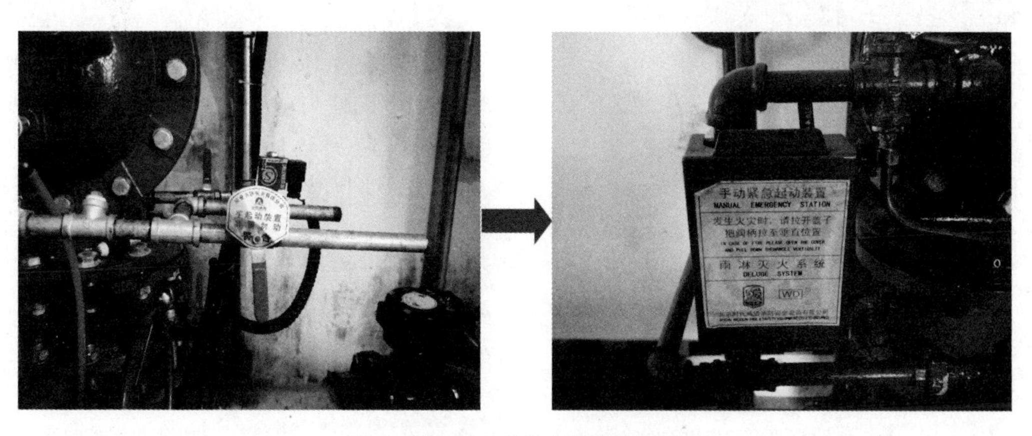

图 3－56　手动阀外部增加防护罩

相关案例：某 220kV 变电站雨淋阀间应急启动阀采用球阀形式（带手把），运维人员巡视期间因衣物拉扯到球阀的手把，导致雨淋阀部分泄水，因处置得当未造成进一步误动作。因此应对该阀门采取必要的防误碰措施。

（4）固定灭火系统中信号回路、控制回路和直流电源回路应采用具有金属屏蔽的控制电缆，金属屏蔽层应在线缆两端有效接地，金属铠甲应在单端接地；交流电源回路应采用具有金属铠甲层的动力电缆，铠甲层应在线缆两端有效接地。

条款解读： 变电站用线缆应具有抗干扰特性，直流回路应采用带金属屏蔽的控制电缆，并在两端有效接地。380V 交流电源回路应采用专用的动力电缆，为避免铠甲层产生磁滞涡流引起电缆发热甚至烧毁，需要将铠甲两端接地。

第九节　防止电气误操作事故

(1) 成套 SF_6 组合电器 (GIS/PASS/HGIS)、成套高压开关设备“联锁/解锁”钥匙应一个间隔一把钥匙，不能通用，并在“解锁”位置不能拔出。

条款解读： 变电站内的组合电器类设备“联锁/解锁”钥匙应一个间隔一把钥匙，不能通用，防止在特殊情况下由于解锁操作走错间隔带来误操作事故。“联锁/解锁”钥匙在“解锁”位置不能拔出是为了防止特殊情况下解锁操作结束后未将“联锁/解锁”手把切换至“联锁”位置而带来的防误隐患。

相关案例： 由于之前国网的文件并没有对“联锁/解锁”钥匙按间隔区分进行明确说明，很多早期的变电站“联锁/解锁”变电站都是通开所有间隔的，并且存在“联锁”位置时，钥匙不能拔出。图 3-57 为某 220kV 变电站 220kV 设备的“联锁/解锁”在联锁位置时，钥匙不能拔出。

图 3-57　220kV 组合电器联锁位置

(2) 成套 SF_6 组合电器 (GIS/PASS/HGIS)、成套高压开关设备的三工位刀闸，隔离开关和接地开关的操作手把和“五防”电编码锁均应分开，不能共用。

条款解读： 组合电器 (GIS/PASS/HGIS)、成套高压开关设备的三工位刀闸、隔离开关和接地开关的操作手把和“五防”电编码锁均应分开，防止在倒闸操作过程中出现三工位刀闸、隔离开关和接地开关的操作手把和“五防”电编码锁共用一个，导致操作混乱，引发误操作风险，例如三工位刀闸有“运行、隔离、接地”三种状态，当刀闸在“隔离”位置时，共用一个电编码锁，接下来就地操作时在插入“五防”钥匙后，既可以将刀闸转为“运行”态，也可以将刀闸转入“检修”态，“五防”钥匙不能闭锁住操作内容，有误操作的风险。

相关案例： 某站在验收工作期间，发现一把某型号充气柜断路器、隔离开关和接地开关的“五防”钥匙锁孔均共用一个电编码，如图 3-58 所示，极易引发操作风险，立即责令厂家整改，整改后投运。

图 3-58 某 220kV 变电站 35kV 充气柜“五防”钥匙锁